U0241858

《四川藏区民居图谱》丛书

# 四川藏区民居图谱

## 甘孜州 康东卷

《四川藏区民居图谱》编委会◎编著

TEP 旅游教育出版社

·北京·

策　　划：赖春梅

责任编辑：贾东丽

**图书在版编目（CIP）数据**

四川藏区民居图谱：甘孜州康东卷／《四川藏区民居图谱》编委会编著．--北京：旅游教育出版社，2016.8

ISBN 978-7-5637-3447-4

Ⅰ.①四…　Ⅱ.①四…　Ⅲ.①民居—建筑艺术—甘孜—图谱　Ⅳ.①TU241.5-64

中国版本图书馆CIP数据核字（2016）第192225号

《四川藏区民居图谱》丛书

四川藏区民居图谱——甘孜州康东卷

《四川藏区民居图谱》编委会　编著

| | |
|---|---|
| 出版单位 | 旅游教育出版社 |
| 地　　址 | 北京市朝阳区定福庄南里1号 |
| 邮　　编 | 100024 |
| 发行电话 | （010）65778403　65728372　65767462（传真） |
| 本社网址 | www.tepcb.com |
| E-mail | tepfx@163.com |
| 印刷单位 | 北京艺堂印刷有限公司 |
| 经销单位 | 新华书店 |
| 开　　本 | 889毫米×1194毫米　1/16 |
| 印　　张 | 14.5 |
| 字　　数 | 323千字 |
| 版　　次 | 2016年8月第1版 |
| 印　　次 | 2016年8月第1次印刷 |
| 定　　价 | 136.00元 |

（图书如有装订差错请与发行部联系）

# 编 委 会

# CONTENTS 目 录

# 目　录 CONTENTS

# PREFACE 前 言

四川藏区的民居建筑是千百年来生活在这片沃土上的藏族先民的一种文化创造，无论是选址，还是建筑物造型，抑或是建材选取、空间布局、房屋功能、力学原理、光热资源利用、抗震防震，以及与自然生态环境的高度协调等方面都别具匠心。区内的民居不仅分布广泛，而且建筑类型十分丰富，著名的民居聚落有康定木雅民居、道孚崩空民居、色达格萨尔藏寨、乡城白藏房、稻城黑藏房、道孚扎坝民居、理塘千户藏寨、巴塘红藏房、丹巴甲居藏寨、马尔康西索民居、马尔康卓克基土司官寨、壤塘日斯满巴碉房、白玉山岩戈巴民居、黑水色尔古藏寨、马尔康松岗直波碉楼、理县甘堡藏寨等。随着我国文化遗产保护工作的不断加强，区内的一些历史价值、文化价值、科学价值较高的民居及其村寨都分别被列为各级别的文化遗产，并得到有效的重视和保护。其中最具代表性的且已被列入全国重点文物保护单位的有马尔康卓克基土司官寨、马尔康松岗直波碉楼、壤塘日斯满巴碉房等。经过认真调查和充分论证，"四川藏羌碉楼与村寨"已被列入国家申报世界文化遗产的 30 个储备项目之一。此外，四川藏羌地区的碉楼建造技艺也被列入国家级非物质文化遗产保护名录。

四川藏区的民居不仅是重要的文化遗产，也是四川西部旅游中一道最受游客青睐，集生态、人文为一体的风景线和旅游产品。20 世纪 90 年代初，四川藏区民居开始受到游客、学界的关注，游客把四川藏区民居比作是当地旅游的"名片"，学界将其称为"活着的化石标本"。2005 年《中国国家地理》杂志相继推出了"中国最美乡村"评选活动和"中国人的景观大道"特别专栏，甘孜藏族自治州丹巴县的丹巴藏寨名列榜首，在"中国人的藏式景观大道"中以"凝固在川藏大地上的建筑符号"为题，生动展示出了康巴民居的风采。旅游规划部门在规划当中，对四川藏区民居的资源优势给予了高度的评价，并着力加以利用和开发。

2014 年，四川省委、省政府为深化和加快四川藏区社会经济的发展，出台了《四川藏区旅游业发展三年行动计划》，明确提出"将藏区工作重心转移到发展生态旅游经济上来，建立以旅游业为龙头的生态经济发展模式"的战略部署。在"北有九黄，南有亚丁"两大国内外著名生态旅游目的地的基础上，为进一步贯彻省委、省政府《四川藏区旅游业发展三年行动计划》，四川省旅游发展委员会提出了建设"中国最美景观大道——318/317 川藏世界旅游目的地"的设想。以旅游业为龙头带动四川藏区经济的转型升级，已经成为四川藏区富民增收、保护生态、促进开放、促进城镇化转型和拉动经济保持经济持续稳定增长的必然选择。

四川藏区生态旅游一方面承载着拉动区内社会经济全面发展的龙头使命，同时也担负着对资源保护的重大责任，这是四川藏区旅游的全域性和生态性特征所决定的。四川藏区民居是区内旅游资源中特品级的重要资源，为了全面展示其建筑风格和文化品格，让更多的人认识和了解四川藏区多姿多彩的民居及其旅游价值，进一步挖掘四川藏区民居在该地区旅游业发展中的潜力，出色汇集四川藏区民居科学、系统的保护"记忆档案"，在经过深入细致的调查研究和广泛征求业内人士意见的基础上，四川省旅游局联动甘孜州、阿坝州及凉山州木里县，依托省内相关旅游规划研究设计单位和长期致力于藏族建筑研究的专家学者，共同组成编写组，编辑出版《四川藏区民居图谱》系列丛书。

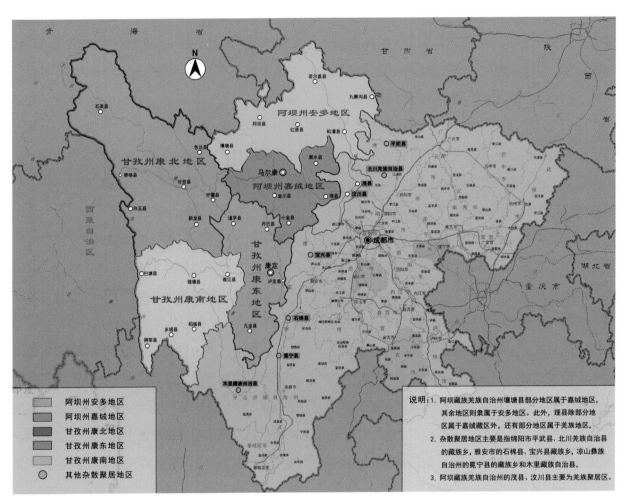

四川藏族聚居区分布图

《四川藏区民居图谱》系列丛书共7卷，它们分别是《四川藏区民居图谱——甘孜州康东卷》《四川藏区民居图谱——甘孜州康北卷》《四川藏区民居图谱——甘孜州康南卷》《四川藏区民居图谱——阿坝州嘉绒卷》《四川藏区民居图谱——阿坝州安多卷》《四川藏区民居图谱——杂散县乡卷》《四川藏区民居图谱——重要文化遗产及帐篷卷》。在上述7卷中除《四川藏区民居图谱——重要文化遗产及帐篷卷》外，其余6卷均按区域立卷，每卷不少于10个代表性村落、50户典型民居。民居和村落展示内容均为实地考察所绘制的建筑图、摄影图片和文字信息。《四川藏区民居图谱——重要文化遗产及帐篷卷》的内容主要涉及三个方面，一是四川藏区民居类的省级、国家级文物保护单位，二是具有代表性的古碉遗存，三是纯牧业地区的牦牛帐篷以及各地代表性的休闲帐篷。《四川藏区民居图谱》系列丛书从区域来讲，覆盖了四川藏区的两州一县以及一些杂散地区的藏族乡；就民居建筑而言，覆盖了区域内的所有类型：充分体现出一个"全"字。丛书系列各卷在内容编写上始终坚持田野调查，特别是民居和村寨的考察、测绘、拍摄、采访资料，都来自编写组人员的第一手实地作业成果，体现出一个"真"字，从而使整套丛书的真实性、可靠性、学术性得到保证，使整套丛书的深度、厚度、高度和亮度得到充分体现。

花大力气编写《四川藏区民居图谱》系列丛书，功在当代，利在千秋。编写目的主要体现在以下几点：

一、四川藏区民居是历史悠久、文化积淀深厚、旅游资源优势十分突出的重要文化遗产。在新型建筑材料和建造技术的影响下，藏区传统民居的建筑风格和技艺已受到较大的冲击，藏民居建筑的变迁或将成为必然趋势。作为人类宝贵的文化遗产和极其重要的文化旅游资源，传统藏民居建筑文化的保护和传承已经成为我们这个时代一项非常急迫的任务。全面、真实地对四川藏区的民居状况进行调查整理，摸清家底，形成真实而又全面、系统的"记忆档案"，在当前是一件极为重要且迫在眉睫的抢救性保护工作。

二、随着四川藏区生态旅游业的迅猛发展和城镇化、新农村建设步伐的加快，十分需要能够为上述工作提供借鉴和咨询的具有四川藏区本地特色民居信息的基础资料，以实现《四川藏区民居图谱》的可利用价值。

三、四川藏区的民居建筑是这片秘境中自然财富与人类智慧的典型缩影。这里的民居建筑材料是大自然的馈赠，建造方式、建筑格局和装饰体现的则是浓缩的地域文化，自然属性和文化属性集中地融合在藏式民居建筑中，这就是四川藏区名副其实的文化"名片"和旅游"名片"。《四川藏区民居图谱》的出版发行，从客观上讲，是从更大范围、更深层次对四川藏区民居的宣传：让更多的游客、读者来认识和了解四川藏区民居的风采；让更多的游客对四川藏区的生态旅游更加向往，更加倾心；让更多游客到四川藏区，亲身体验藏家乐、牧家乐的情怀，零距离接触天人合一的美丽藏寨，亲眼目睹神秘古碉的风采。

在《四川藏区民居图谱》系列丛书中，我们既记录各类建筑的风貌，又记录人文环境；既记录下经典传统建筑，又记录下建筑的逐步改良变化；既记录了建筑结构和材料，又适当记录了建造过程中的技艺和方法。这些形态各异、类型丰富、文化底蕴深厚的藏式民居，既代表着四川藏区的建筑文化，也是四川藏区民众生活场景最为真实的写照。

《四川藏区民居图谱》系列丛书的编辑出版，是我们对四川藏区生态旅游优势资源进行有效保护所作的一种尝试，其主旨是摸清区内民居资源的家底并做记录，以便为今后民居村寨的旅游发展、为新农村的建设作出一些基础性的铺垫工作。我们相信，《四川藏区民居图谱》系列丛书的出版发行，能够为四川省藏区的旅游宣传发挥积极作用，同时希望全社会借此更深入地了解四川藏区独特而又宝贵的建筑文化，产生到四川藏区旅游观光和旅游投资的热情，更希望通过普及藏民居建筑的相关知识来唤醒人们保护藏区以及其他地区建筑文化的意识。

丛书编撰委员会

2015 年年初

# 绪论

## 四川藏区民居的文化历程与乡韵

### 一、引子

在人类历史的长河中，不同的民族，都有其与生俱来的文化传统和文化特质，这种文化传统和文化特质，总是随着历史的演进和文化的变迁而显得更加具有个性和张力。民族建筑，既然是民族文化的重要组成部分，就不可避免地会打上民族的烙印，并形成与不同民族的社会背景、生存环境、经济生活、文化、心理特征、审美情趣相映衬、相协调、相统一的建筑风格。民居是民族建筑中最原初的建筑，所以它带有根基性，是人类其他类型建筑的源泉之所在。民居始终与人们的生产和生活息息相关，紧密相连，所以也就更加具有生命之活力，人们建造它，享用它，从而也赋予它更多的故事，更多的情愫。从这个意义上讲，民居是人们的家，更是一种宝贵的文化遗产，它留下了极为深刻而又耐人寻味、多姿多彩的历史记忆。

在世界屋脊的青藏高原上，勤劳、坚毅、质朴的藏族人民，用自己非凡的才能和执着的追求精神，构建起了经历五千年岁月洗礼的建筑文化大厦，在这个建筑文化大厦中，民居不仅是其中最历久弥新的一个体系，更是其中最根深叶茂的建筑文化根脉。

按照我国现行的行政区划，藏族主要分布于西藏自治区以及四川、青海、甘肃、云南等省的部分地区。西藏自治区是藏族最早形成的地区，也是藏族文化的发祥地。公元 7 世纪，随着吐蕃王朝的建立，吐蕃势力逐步东渐，四川、青海、甘肃、云南的部分地区先后被纳入吐蕃的势力范围，在吐蕃文化的强势影响下，历经宋、元两朝，四省部分地区的众多族群，逐渐融入到藏族之中，从此藏族文化在这些地区扎下了根。西藏的建筑文化自然也在四省藏区产生了重要影响，从而成为藏族建筑文化的覆盖区域。故一直以来，人们都把四川、青海、甘肃、云南四省藏区的建筑与西藏的建筑统称为藏族建筑或藏式建筑。换句话说，也就是四省藏区的藏族建筑具有西藏建筑的同质性特征。但是，由于四省藏区的藏族在还未形成以前，区内的各族群就已有属于各自的文化积淀，这种文化积淀在历史的演进中，继续成为一种文化惯性而延续下来，成为各自极富个性的文化特征，这便是区域性特征。就建筑而言，同质性和区域性并行相融是客观存在的。

在不同功能类型的建筑中，由于西藏与四省藏区在社会结构方面的差异，所以诸如宫殿建筑、宗堡建筑、园林建筑等，四省藏区都不具备。而在藏传佛教建筑、民居等功能类型的建筑中，四省藏区的藏传佛教寺庙建筑更多地保持了与西藏同类型建筑的同质性特征；而民居则不然，四省藏区的民居明显地体现出同质性与区域性共融并存的特征。

四省藏区的民居中，除受制于各自的文化惯性的影响外，各地的生态环境、地理区位等也存在一定的差异，再加之民居的乡土性浓郁，而人们对自身居所的建造，更易受到自主性等因素的影响，所以彼此之间，也都存在着各自较突出的个性特点。

## 二、四川藏区的自然与人文生态环境

### （一）四川藏区的自然生态环境

按照我国的现行行政区划，藏族主要分布于我国西藏自治区、四川、青海、甘肃、云南五省（区）。四川藏区地处青藏高原东南缘，位于四川省西北部，东与四川盆地、川西南山地相接，南邻云南省，西连西藏自治区，北接青海和甘肃两省；面积 24.97 万平方公里，约占四川省总面积的 51.5%。第五次全国人口普查资料表明，四川藏区总人口为 186.92 万人，其中藏族人口占区内总人口的 64%。由于四川藏区的总人口和藏族人口的数量仅次于西藏自治区，故有全国第二大藏区的说法。

四川藏区除甘孜藏族自治州（以下简称甘孜州）、阿坝藏族羌族自治州（以下简称阿坝州）、木里藏族自治县（以下简称木里县）外，还包括绵阳市平武县、北川县，雅安市宝兴县、石棉县，凉山彝族自治州盐源县、冕宁县、甘洛县、越西县等县境内的少数藏族乡。

甘孜州共辖 18 个县，分别是泸定县、康定县、九龙县、丹巴县、道孚县、炉霍县、甘孜县、新龙县、德格县、白玉县、石渠县、色达县、理塘县、巴塘县、乡城县、稻城县、得荣县、雅江县。阿坝州共辖 13 个县，分别是马尔康县、金川县、小金县、阿坝县、若尔盖县、红原县、壤塘县、汶川县、理县、茂县、松潘县、九寨沟县、黑水县。以上两州计为 31 个县，加上木里县，四川藏区共为 32 个县。

四川藏区是青藏高原东部横断山系的核心地区，同时也是巴颜喀拉山系延伸的地区之一。其地势西北高东南低，平均海拔为 3500 米以上。境内雪山高峻，草原辽阔，峡谷深邃，境内地貌依地势高低、河流切割深度和地表特征可分为丘状高原区、高山原区和高山深谷区三大类区。丘状高原区主要为草原牧业区，高山原区以农业为主，兼有草原牧业（又称半农半牧区），高山深谷区为典型的农业区。

境内山脉主要属于横断山系和巴颜喀拉山系。在甘孜州、木里县境内的主要山脉有沙鲁里山脉、大雪山脉、巴颜喀拉山脉。在阿坝州境内的主要有龙门山脉、岷山山脉和邛崃山脉。在众多高山中，大雪山脉的主峰贡嘎山海拔 7556 米，是境内最高的山峰，素有"蜀山之王"之称。

境内河流众多，分属于长江、黄河水系，其中长江水系是境内的主要水系。在甘孜州境内的主要河流有金沙江、雅砻江和大渡河。在阿坝州境内的主要河流有黄河水系的黑河、白河、贾曲；属于长江水系的岷江、白龙江、涪江等河流。在众多河流中，金沙江作为长江上游的干流，是四川藏区境内最大的河流，在境内的流长达 650 多公里，流域面积达 4.4 万平方公里。上述河流流经的最低海拔地分别为大渡河流经泸定县的出境段和岷江流经汶川县的出境段，海拔均在 1000 米左右。

境内的海拔高差达 6500 多米，是青藏高原上我国境内海拔高差最大的地区。其自然生态最大的特点：一是地理环境复杂多样。二是随海拔和纬度的增高，从东南向西北地跨亚热、温、寒三大气候带；但在东南高山峡谷地带，从山麓到山顶，又依次出现垂直立体气候带，呈现出"一山有四季，十里不同天"的景象。三是境内的金沙江、雅砻江、大渡河、岷江等主要河流均为南北走向，主要山脉沙鲁里山脉、大雪山脉、邛崃山脉、岷山山脉等亦顺江河流向，由北向南延伸，从而形成了南北走向的天然大走廊。四是复杂多样的地理环境和气候，促成了多样化的生态景观。

### （二）四川藏区的人文生态环境

考古资料证明，早在旧石器时代，四川藏区境内就已有土著先民繁衍生息，开创文明。他们是区内最早的主人。羌，是我国历史上形成较早的部族之一，春秋战国时期，居住在西北地区古羌部族中的一部分，逐渐向西南迁徙，四川藏区是古羌部族向西南迁徙的重要通道和留居地。古羌人迁入后，通过与境内土著先民的较长时期的交往、兼并、融合，在西南地区形成了许多新的族群体系。《史记·西南夷列传》载："西南夷君长以什数，夜郎最大；其西靡莫之属以什数，滇最大；自滇以北君长以什数，邛都最大……自同师以东，北至楪榆，名为巂、昆明……自巂以东北，君长以什数，徙、筰都最大。"在四川藏区也是如此。《后汉书·西南夷列传》在"冉駹夷"条也有"六夷、七羌、九氐"之说。及至汉代，四川藏区境内的部落和部族依然众多，或夷、或羌、或氐。其中代表性的部落和部族主要有白狼、槃木、唐菆、冉駹、牦牛等，及至南北朝到唐初，还有附国、党项、白兰、东女、嘉良夷等。

汉代，中央王朝开发西南夷地区，推行羁縻制，先后设置了汶山郡、沈黎郡等，这是中央王朝治理四川藏区之始。及至唐代中央王朝对川西北地区的治理有了很大的加强，除了在区内设置松州都督府、茂州都督府、保宁都督府等机构外，还延续了汉代以来的羁縻制度，设立了众多的羁縻州。例如在贞观时期，在松州都督府范围内，羁縻州达37个，在茂州都督府范围内，羁縻州达到104个之多。

公元7世纪中期以后，吐蕃王朝开始兴兵东扩，先后将当今的青海、甘肃、云南、四川等省藏区的各部落、部族纳入其统治势力范围。据史料记载，在四川藏区境内，就有白狼、白兰、附国、党项、东女、嘉良、白狗、哥邻等众多夷、氐、羌部落和部族为吐蕃征服。吐蕃在这些地区的部落和部族中安置了许多移民并派兵驻守，传播吐蕃文化。大批吐蕃移民和军队与当地臣服的各部落、部族相互杂处、交往，逐渐融合同化，直至公元13世纪以后，其同化过程才基本完成。

自元至清，历代中央王朝在藏区推行土司制度，其间经历了元代土司制度的初兴，明代土司制度的发展，清代土司制度的完善三个时期。及

至清代中后期，中央王朝逐渐实施"改土归流"之制，清末，四川藏区的"改土归流"才告一段落。

在藏文典籍中，习惯将五省藏区划分为三个文化地理单元，称之为"却喀松"，即卫藏、安多、康三区。在四川藏区中，甘孜州和木里县属于康区的组成部分之一，阿坝州中的阿坝、红原、若尔盖、壤塘、松潘、九寨沟等县为安多地区，而金川、马尔康、小金、黑水，以及理县、汶川的部分地区为嘉绒地区。嘉绒地区，严格地讲，从藏族传统的三大文化地理区域概念出发，在一些历史文献中，将其归为康区。但在很多文献中，按历史习惯，将其单独区分为一个特殊的小文化地理单元。所以，在四川藏区，大致可以归纳为康、安多、嘉绒三个文化地理单元。

在四川藏区内部，除主体民族藏族外，在历史上还世居着羌族、回族、纳西族、汉族、彝族等其他民族。其中羌族在少数民族中，不仅历史悠久，文化灿烂，而且人数众多，藏区内的汶川、理县、茂县是我国最大的羌族聚居区，羌族是阿坝州的主体民族之一。

综上所述，四川藏区的藏族，在历史上经历了两次大的融合过程，一次是春秋战国至唐的较长历史时期，区内的土著先民与古羌人的融合。另一次是自唐以来至宋、元时期，当地被称为夷、羌、氐的部落、部族，逐渐融入到藏族之中，成为我国藏族的重要组成部分。由于区内的羌族与藏族长期为邻，或相互杂处，加之在族源上又有一定的渊源，所以，羌族文化对四川藏区的藏族文化的影响是客观存在的。自汉以来，历代中央王朝均对四川藏区进行了直接的管理和施政。自宋以来，川藏茶马互市一直延续上千年，加之四川藏区紧邻四川盆地，与汉族之间的经济、文化交往甚为密切，所受影响甚深。随着历史的发展，迁徙到四川藏区的汉族，或为官、或经商、或农耕、或务工、或为文，其中许多人与藏族通婚，并成为藏族中的一分子。此外，还有纳西、回、彝等少数民族，也为四川藏区经济、社会、文化的发展做出了贡献，这是四川藏区的文化多元性的又一个方面。

## 三、四川藏区民居的基本类型

关于民居的分类问题，目前学术界大多数观点倾向于大建筑的分类方法，即材料质地分类和功能分类。在探讨四川藏区民居类型时，是否还可以在遵循上述两种类型分类方法的基础上，提出一些新的见解？回答应是可行的，因为这也是根据四川藏区特殊的自然环境和历史发展进程而提出来的，同时也是更具体地体现四川藏区民居特色的一种方式。

### （一）四川藏区民居的质地类型

按照材料质地分类，四川藏区民居大体上可以分为土木结构、石木结构、木结构和织品结构等类型。

#### 1. 石木结构类型

所谓石木结构，是指建筑物的围护结构主体是以天然石块和黏土为建筑材料，采用砌石技术砌筑的石墙体，但建筑物的内部空间或者外部，除门、窗外，高层部分还配以少部分木结构。

#### 2. 土木结构类型

土木结构与石木结构建筑不同的是，其围护结构主体是主要使用天然黏土为建筑材料，采用夯筑技术夯筑的土墙体。

#### 3. 织品结构类型

织品结构建筑主要是以牦牛毛作为主要建筑材料，经过人工纺织成毛褐子，再缝制搭建的可移动建筑物。

#### 4. 木结构类型

木结构类型的民居建筑，在四川藏区为数不多。在农村多为单层崩空造型的民居，在城镇则主要为汉式穿斗式造型的民居。

### （二）四川藏区民居的功能类型

按照功能分类，四川藏区的民居大致可分为四种类型。

#### 1. 百姓民居

第一种是百姓居住的民居。这种民居统称为民房，它包括城镇民居、农村民居和牧区牧民的帐篷，是四川藏区功能性民居的主体。

#### 2. 土司官寨

第二种是土司官寨。四川藏区自元代推行土司制度以来，土司制度不断发展，各地的大小土司都建有自己的官寨，官寨便成为四川藏区民居历史上的制度性产物。在四省藏区中，四川藏区的土司是最多的，以甘孜州为例，在清代就有大大小小土司122个，授大小土司职127员。上述授职的土司都曾有过规模不等的官寨。土司官寨除供土司及其家人居住外，还有所谓代行中央政府所委以的政务的职能，所以在建筑物内还设有"公堂"，办理公务，而且，还居住着专门供土司使唤的差民和奴隶。这种建筑，实质上是一种具有多功能性的民居。在历史上，四川藏区的著名土司官寨有德格土司官寨、甘孜孔萨土司官寨、甘孜麻书土司官寨、康定明正土司官寨、巴塘大营官官寨、丹巴巴底土司官寨、马尔康卓克基土司官寨、马尔康梭磨土司官寨、松岗土司官寨、金川促浸土司官寨、小金沃日土司官寨等。20世纪50年代民主改革后，随着土司制度的彻底废除，土司官寨逐渐退出历史舞台。但作为一种历史建筑形式，保留下来的土司官寨被作为一种文化遗产得到保护，例如马尔康卓克基土司官寨、丹巴巴底土司官寨，现分别为国家级文物保护单位和省级文物保护单位。

#### 3. 寺庙僧房

第三种是藏传佛教寺庙中的僧侣的扎空（僧房）。在过去的许多研究成果中，寺庙僧房都被归入到寺庙建筑中。其实，僧房也是民居，它的居住者也来自普普通通的农牧民。不同地区的寺庙僧房，都始终保持着当地民居的基本格调，是不同地区民居的一个组成部分。

#### 4. 碉楼

第四种是从民居中派生出来的一种特殊建筑，在藏语中被称为"卡"或"宗"，其意为碉楼，这种建筑物在四川藏区是最具特色的一种防御性建筑。其功能十分特殊，专事防御。不仅其历史相当久远，其造型也别具一格。在四川藏区的许多农村，都有与各自家庭相连、与村寨相关的碉楼，它们与农区民居血脉相连，相互映衬，形成了一道道亮丽的风景线，同时也成为一种极为珍贵的文化遗产，备受人们的珍惜。

### （三）四川藏区民居的文化类型

按材料质地类型和功能类型的民居分类，基本囊括了四川藏区民居的类型。但是这两种分类方法仅仅是建筑学上的分类方法，在藏区民间，人们习惯从文化的视野出发，将不同区域及与区域相对应的族群所建筑并居住的民居按照文化类型来命名和分类，这种分类方法客观上存在一定的合理性，也更能体现出民居深层次的文化内涵和文化个性。在四川藏区，按文化类型对民居进行分类的方法较为常用，例如康东地区木雅民居、扎坝民居、鱼通民居、嘉绒民居，以及各地以地区命名的民居，如丹巴民居、马尔康民居、黑水民居、金川民居、木里民居等，基本都是以文化类型来分类的。

## 四、四川藏区民居的发展历程

四川藏区民居，走过了一条历时数千年的漫长之路。归纳起来大致可以分为以下三个时期。

### （一）萌芽时期

考古发掘证明，早在距今 5000 年左右的新石器时代，四川藏区的大渡河流域就已有许多古代土著先民从事农耕，并形成了一定规模的定居聚落，既然定居，完全可以推测当时的土著先民已经有了原始的居所。据《丹巴县志》载，丹巴中路罕额依新石器时代遗址在发掘中就发现有"房基址。……房址共发现七座，形状为长方形，墙体为石块砌成，内壁抹黄色泥土，其间还发现多处含料姜石的黄土硬面，结构紧密"。在 7 处房址中，年代最早的为 2 号房基，据考古工作人员介绍，经碳 -14 测定法测定，"其年代为距今 3500 年左右，相当于中原地区商代前期"。由此可以认为，四川藏区民居的萌芽时期大致为距今

5000 年新石器时代至商代早期。其时"累石为室"的民居形式已现端倪。

### （二）雏形时期

这个时期的上限应为商代，下限则为唐代，即公元前 15 世纪左右至公元 9 世纪。据《后汉书·南蛮西南夷列传》载，及至东汉时期，居住在大渡河流域和岷江流域的冉駹夷部族的石砌建筑已经有了很大的进步，"众皆依山居止，累石之室，高者十余丈，谓之邛笼"。这说明当时的石砌技术已经相当成熟，可以建造高大的石砌建筑物。及至公元 5 世纪至公元 9 世纪初，四川藏区大渡河流域、雅砻江流域，乃至金沙江流域的广大地区，石砌民居建筑的范围不仅广，而且建筑技术也更加精进。在《北史》和《隋书》"附国条"下，均有"其国南北八百里，东南千五百里，无城栅，近山谷，傍山险。俗好复仇，故垒石为碉而居，以避其患。其碉高至十余丈，下至五六丈，每级丈余，以木隔之。基方三四步，碉上方二三步，状似浮图。于下级开小门，从内上通，夜必关闭，以防贼盗"的记载。在《新唐书·东女国》条下，有"所居皆重屋，王九层，国人六层"的记载。从汉代的"邛笼"，南北朝、隋代的"碉"，至唐代东女国的"重屋"，相关记载和描述均说明，从公元前 2 世纪至公元 9 世纪，四川藏区的石砌民居建筑技艺已发展到了一个相当高的程度。在这一时期内，碉楼建筑早已从民居中脱胎而出，并成为一种以防御性功能为主的特殊建筑。

### （三）发展和成熟时期

这个时期大致经过了宋、元、明、清、民国五个时代，时间为公元 10 世纪至公元 20 世纪中期的近一千年时间。之所以把四川藏区民居的发展和成熟时期定格在这一时期内，其主要理由如下：

（1）四川藏区民居建筑在萌芽时期至雏形时期，从十分有限的文献记载可以看出，区内民居建筑中石砌建筑发展程度相当高，在整个青藏高原上，以高制胜的特点十分突出。但从整个民居

系统而言，客观上还存在很多如类型、艺术风格、建筑理念、审美意蕴等方面的缺陷。

（2）所谓四川藏区民居，是指以藏族建筑风格为主体的建筑。从这个意义上讲，唐代以前四川藏区的民居，应当是融合了夷族和古羌族文化元素的一种建筑。尽管四川藏区与西藏同处于青藏高原，两个区域内的先民有着大致相近的生产方式和生活方式，但在文化上却有着一定的差异。至唐代中期以后，随着吐蕃势力的扩张，吐蕃军队和移民迁入，四川藏区文化的同化过程逐步加快，吐蕃时期建筑文化的许多元素也随之移入，并开始对四川藏区民居风貌产生重大影响，这是促成四川藏区民居藏族化的最重要因素。

（3）影响四川藏区民居变革的另一个原因是西藏苯教和藏传佛教在四川藏区的传播。客观地讲，西藏的苯教和藏传佛教建筑的根脉自然是西藏当地的民居和印度、尼泊尔的佛教建筑，但是在其发展过程中，苯教和藏传佛教寺庙建筑在宗教文化的影响下得到了提升，成为藏族建筑的标志性建筑物之一。宗教建筑随着苯教和藏传佛教在四川藏区的传播，开始起着直接的示范作用，致使四川藏区的民居开始吸纳宗教建筑的一些元素，并融入其中。例如，民居中的色彩、民居中的一些装饰物，甚至民居建筑中的一些宗教功能性的用房和设施也在民居中得到体现。宗教文化在藏族文化中不仅占有重要地位，而且影响到整个藏族社会的方方面面，藏族建筑也就自然受到宗教文化的熏陶，从普通民居到规模巨大的藏传佛教寺庙，从建筑物的选址动工一直到新居落成乔迁，无不受到宗教的影响。

（4）随着从元朝到民国时期四川藏区社会的发展和历代中央政权对四川藏区治理的不断加强，区内的政治管理体制不断革新，汉藏之间的经济、文化交流亦日益频繁。这些自然也对区内的民居建筑产生了影响，对四川藏区民居体系的完善，乃至建筑技艺的提高都起到了重要的促进作用。

在元代，区内便开始推行土司制度，土司作为朝廷任命的地方官员，自然会大兴土木，修建

自己的官寨（或称衙门）。兴起的土司官寨，成为四川藏区民居建筑中的一个分支系统。另外，因为土司的权力，或是一些百姓为了寻求土司的庇护，便逐渐以土司官寨为中心，形成了较大的聚落，这些聚落便成为清末"改土归流"时期和民国时期城镇的雏形。较大的聚落有甘孜州的巴塘县的夏邛镇、甘孜县的甘孜镇、德格县的更庆镇、炉霍县的新都镇、理塘县的高城镇等。

四川藏区最早的两个城镇，一是阿坝州的松潘县，二是甘孜州的康定县。这两个城镇的形成时间虽然早晚不一，但促使城镇形成的因素却大同小异，首先是中央政府在区内设立建制，其次这两个地方都与汉族地区相邻，再次，这两地都是汉藏茶马互市的重要贸易口岸和物资集散地，同时也是重要的交通枢纽。所以这两个城镇虽然不及内地县份的规模，但作为城镇而言，却也是"麻雀虽小，五脏俱全"。

除城镇形成之外，由于川藏茶马互市口岸的西移和繁荣，康定成为汉藏贸易的重要口岸，于是出现了一个与之相适应的民间社会机构——锅庄。锅庄最初的建筑是砌石建筑，当地人们称住在锅庄里的人"阿佳卡巴"，意思是碉楼的贵妇人、锅庄主。"卡"即是指碉房。加之康定当时已经成市，许多汉族商人都迁居于此，其中，许多依街而建的连铺带居的汉式建筑、四合院，对康定城镇的藏族民居所产生的影响较为突出。于是，康定的锅庄主便纷纷效仿，在康定修建了集仓储、客栈、作坊、马厩、居住、交易为一体的，仿汉式四合院的院落型锅庄。从清朝至民国时期，这种锅庄达四十八家之多（有资料称七十余家）。这种由藏族人经营的多功能民居，便成为四川藏区城镇中最具有代表性的城镇民居。

至清以来，随着汉藏贸易和文化交流的加强，陆续有内地的汉族工匠（主要是木工和铁工等）迁入到四川藏区，他们不仅为当地藏族修房造屋，同时也将木工技术传授给了当地藏族，这对藏族民居建筑木作部分技术和艺术水平的提高，起到了重要作用。

## 五、四川藏区民居的基本特征

就我国藏族建筑的总体而言，毫无疑问的是，西藏是藏族建筑的孕育之地，无论是其建筑风格还是文化内涵等都比其他藏区厚重得多。西藏的藏族建筑功能类型较之其他藏区更为丰富，代表藏族建筑最高水平的标志性建筑绝大多数都在西藏，例如，拉萨市的布达拉宫、大昭寺、哲蚌寺、色拉寺、甘丹寺、罗布林卡，贡嘎县的桑耶寺，普兰县的古格王城，日喀则的扎什伦布寺，乃东县的雍布拉宫，萨迦县的萨迦寺，等等。其中布达拉宫堪称世界建筑史上的奇迹，是人类宝贵的建筑文化遗产。但是就民居建筑而言，四川藏区的民居外显出它无法掩饰的风韵和美景。在民族学、考古学和建筑学专家的眼中，四川藏区的民居被称为"活着的化石标本"；普通的观光者给了四川藏区民居一个时髦的雅号——"文化名片"。德国著名的哲学家谢林曾经把建筑比拟为"凝固的音乐"，法国建筑家列杜亦曾将建筑比作"无声的诗"，从这个意义而言，四川藏区的民居就是高原悠远的山歌，是蓝天白云下绚丽的画卷。

前些年，《中国国家地理》杂志相继推出了"中国最美的乡村"评选活动和"中国人的景观大道"特别专栏。在"中国最美的乡村"中，丹巴藏寨名列榜首，在"中国人的景观大道"中，以"凝固在川藏大地上的建筑符号藏式民居"为题，大篇幅地展示了以甘孜州为主的川藏公路沿线的藏族民居。东起有童话世界之称的九寨，西到气势磅礴的金沙江畔，北起巴颜喀拉山麓，南至木里河畔，像繁星一样地洒落在这片高原大地上的民居，无不闪烁着多姿多彩的光芒。纵观四川藏区民居，究竟"靓"在何处？"绚"在何处？"美"在何处？仁者见仁，智者见智。在一篇短文之中，是断难让人窥其全貌的。归纳起来主要如下。

### （一）民居建筑文化的多元性

四川藏区民居建筑文化的多元性，是由区内藏族文化的多元性决定的。在此，不妨以语言方面的例子来说明。从大的语言系统而言，四川藏区地跨康方言和安多方言两个藏语方言区。区内除两种方言以外，还有不少小语支，在藏语中，习惯将这两种方言及小语支统称为"绒格"，而学术界多以"羌语支"为名。例如白马语、扎巴语、木雅语、贵琼语、多续语、纳木义语、尔龚语、曲域语、嘉绒语等，其中嘉绒语和木雅语的影响较大，覆盖区域也较广。我国著名社会学家费孝通先生曾经认为，讲这些语支的地区，是历史上沉积下来的语言孤岛。也即是说，这些语支至少是在唐代以前，藏族文化还未传入四川藏区之前，就已经存在的当地夷、氐、羌族群的语言文化，时至今日还以活态存在于民间。在四川藏区的民居中，所谓的木雅民居，扎巴民居、嘉绒民居、白马民居等，实际上就是当地人们以族群名称呼的民居。这些民居就像当地的语言一样，隐含着多元族群各自的文化元素。自唐以后，藏族文化逐渐成为主体文化，致使区内民居建筑发生了根本性的变化。尽管上述小语支覆盖地方的人们口头上还讲自己的语支语言，但是，这些语支中的语言，也发生了很大的改变，康方言，或是安多方言的成分逐渐增大。在嘉绒语中，有很大部分的语言成分，本身就属于西藏的古藏语。四川藏区民居建筑文化的多元性，就像其语言一样，是客观存在的。它有时直接体现在民居建筑物的外显部分，有时也隐含于民居建筑的文化意蕴，或是建房、居住的诸多民俗之中。近代以来，汉式建筑对四川藏区民居的影响逐步增大。例如九寨沟白马藏族民居和松潘县藏族民居建筑的木作部分，多采用汉式穿斗屋架人字顶木结构，外部围护结构以石块垒砌。许多地区民居中二三层的楼梯，都将独立楼梯改为扶手型踏步梯，将传统牛肋窗改为各种花格窗。民居经堂中的佛龛，厨房中的橱柜（或称水柜）等的木工制作技术许多都出自汉族工匠之手，有的是以汉族工匠以师带徒的形式传播到本地藏族之中的。当地的一些土司在建房时，也效仿和学习汉式建筑，马尔康的卓克基官寨，就是典型的藏汉合璧的土司官寨。

### （二）民居的多样性

在甘孜州民间有这样一首描述妇女头饰的民歌："我虽不是德格人，德格装饰我知道；德格装饰要我说，头顶珊瑚宝光耀。我虽不是康定人，康定装饰我知道；康定装饰要我说，红丝发辫头上抛。我虽不是理塘人，理塘装饰我知道；理塘装饰要我说，大小银盘头上套。我虽不是巴塘人，巴塘装饰我知道；巴塘装饰要我说，银丝须子额上交。"这首民歌生动地描述了甘孜州一些地方的妇女头饰。一方一俗，一方水土养一方人。四川藏区的民居亦是如此。曾经有人对四川藏区民居的多样性作过一个很质朴而又贴切的比喻，说四川藏区的民居是"一县一景，甚至一县几景，景景有特色，景景都闪亮"。在四川藏区，多数县份既有山地，又有草原，农区民居和草原帐篷，便构成一个县最基本的两种建筑景观。有的县除了这两种最基本的民居建筑景观外，在农区民居中还有风格迥异的民居，例如在马尔康县境内，梭磨河流域的民居和脚木足河流域的民居就有较大的差异。又如在康定县，若抛开炉城镇民居不谈，木雅民居与鱼通民居的建筑风格也是各不相同的。

四川藏区民居的多样性主要是通过民居的造型形态、装饰色彩、建造结构，以及环境等方面的特征直观显现的。

#### 1. 造型形态的多样性

同一类型结构的民居，在不同地区会呈现出不同的造型形态。例如"崩空"（井干式）建筑形式在四川藏区十分盛行，但各地的造型形态又是不一样的。一种是单层、全木结构的崩空民居。多数地方则以木为主，其围护结构或夯筑土墙，或砌筑石墙，呈现出又一种造型形状的"崩空"民居建筑。还有的地方仅将"崩空"这种建筑形式作为点缀，在民居顶层的一角以"崩空"作陪衬而已。就石木结构民居而言，其多样性特点更

为突出，首先以嘉绒民居为例，略举一二说明之。嘉绒地区各地，虽然文化背景和生态环境都大致相同，但在局部区域内，石木结构民居的造型形状有很大差异，壤塘县的日斯满巴民居，其造型就十分特殊，整体呈梯形，逐渐上收，共9层，通高达25米。这样的民居在我国藏区，无论其造型形态，还是层数、高度，都具有唯一性。马尔康县的沙尔宗民居，虽然层数和高度不如日斯满巴民居，但在造型形态上更是令人叫绝，这种民居酷似碉楼，一般有5至7层，最顶上的1至2层，通过木梁外挑，并以柳条作围护，使建筑物呈倒"凸"形，整体上大下小，别具一格。马尔康镇一带的民居的砌石墙体呈弧形，这种以独特的砌石技艺凸现出的造型形态，是嘉绒藏区艺人的一项绝技，更是技术与艺术结合的美之所在。

碉楼，则是对四川藏区民居多样性的一个最好诠释，就外观造型而言，就有三角、四角、五角、六角、八角、十二角、十三角共7种之多，碉楼是四川藏区的先民将天然石块和黏土在建筑物上"玩"到了极致的产物。

#### 2. 装饰色彩的多样性

不同地区的人们根据自己的审美情趣和当地的自然环境，对民居外部的基本色彩都有自己的选择，或者说是习惯。例如人们称巴塘民居为红藏房，称乡城民居为白藏房，称稻城民居为黑藏房，称道孚扎坝民居为花藏房。巴塘民居之所以被称为红藏房，是因为当地民居的夯筑围护墙体的泥土呈绛红色。类似的本色墙体的民居，不仅仅限于夯筑墙体的民居，还有不少地方的砌石民居，也是本色的。无论夯筑还是砌石的民居的本色调，应当说是四川藏区民居最早也是最朴实的生态观的体现。至于墙体的装饰色彩，有的是为防止墙体被风雨直接冲刷，有的是为了追求一种美的境界，无论目的如何，都是基于当地出产以及建筑所需材料的情况而产生的。至于稻城的黑藏房，则主要是因为门、檐、窗的外露部分被漆成黑色而得名；道孚扎坝的花藏房则是在民居的墙体上刷以黑色和白色的竖道。这两类民居的装饰色彩，隐含着古老而又神奇的故事，耐人寻味。

丹巴一带的嘉绒民居，墙体部分是白色的，而且经年常新。嘉绒地区许多地方都要过一个特殊的年节——嘉绒年，传说是为了纪念当地的降魔英雄郭董特青（又名阿尼格董），这个节日的时间为每年虎月13日。在这之前，人们要把寨前寨后打扫干净，把房屋粉刷一新，以迎接英雄与民同过年节。总而言之，四川藏区民居的装饰色彩，既体现出与当地生态环境的协调性，又承载着许多文化故事和风俗习惯。

### 3. 建造结构的多样性

四川藏区民居从大的质地类型来区分，主要为木结构、石木结构、土木结构、织品结构四个大类。在四个大类下，由于环境因素或人们习惯的影响出现许多不同的外显特征。关于藏族民居，一些历史著作中有"藏家住碉楼，屋皆平顶"之说。其实，在四川藏区，有许多地方的民居，不仅有顶，而且有双屋顶，也即是说，在平屋顶上再加盖坡屋顶的传统是屡见不鲜的。不过，各地的坡屋顶的做法和覆盖物也并非千篇一律。如在页岩丰富的地方，当地民居的坡屋顶上覆盖的是石板；而林区的民居的坡屋顶，则覆以木瓦板；接近汉族地区的民居，坡屋顶上覆盖的却是小青瓦。小青瓦屋面和石板、瓦板屋面的坡屋顶的木结构部分也是完全不同的。

四川藏区是青藏高原上碉楼最多的地方。前面已经在碉楼的造型形态上说到了它的多样性。碉楼在内部结构上往往又由于功能的需求而存在一定的差异。其中最为突出的是一些村寨中的碉楼与民居是连体的，当地人称之为"房中碉"，这种碉与一般分离式的家碉和寨碉在结构上是有很大区别的。此外，还有一种功能为经堂的碉，人们习惯称之为"经堂碉"。在丹巴中路罕额依村的经堂碉，顶层有一圈外绕的木回廊，回廊四角转角柱上还有龙的雕塑；而在康定县甲根坝乡和沙德乡等地区的数座经堂碉，有的碉内的木结构部分，是汉式木穿斗和藏式柱顶梁结构相结合，有的碉顶层还采用了汉式斗拱结构和重檐式坡屋顶。在白玉县的山岩乡境内，由于历史上当地的人们分属于一种特殊的血亲组织——帕错，所以一个帕错系统中的所有民居都户户相通，从而形成一种特殊结构的民居群。

在织品结构建筑中，除牛毛帐篷以外，随着社会和经济的发展，在农区、牧区和城镇还出现了专供人们休闲玩耍或节日期间使用的帐篷，其主要材料是源自于内地的白棉布材，根据人们的地位和经济能力，这种帐篷的空间容量和装饰水准也是千差万别。大的帐篷可以容纳上百人，小的帐篷则只能容纳三五人。精美的帐篷不仅有双层顶篷，而且帐篷的内侧，还使用绸缎做加层。凡固定式民居建筑中所用到的装饰图案，在帐篷的篷壁四周应有尽有。有的地方，每当节日到来，一座帐篷城便应运而生，让人目不暇接。

### （三）民居强烈的生态性

四川藏区民居的生态性特征是强烈的，之所以有这样的认识，大体上可以从以下几个层面来理解。

### 1. 立体环境和气候带谱相对完整性

四川藏区境内的最高海拔和最低海拔相差约6500多米，随着海拔高度的变化，立体气候带谱相对完整，这种自然环境客观上促成了该区域的生物多样性，而生物的多样性和环境的多样性，又为四川藏区的人居环境创造了良好的条件。

### 2. 民居建材对天然资源的依赖性

四川藏区民居使用的泥、木、石三大建材，均仰仗于就地取材，就连牧区的黑色帐篷的原料，也是取自于自养的牦牛身上。在青藏高原上，泥、石资源之丰度无需赘言，而森林对海拔、气候、土壤则是有严格要求的。四川藏区境内大部分地区属于高山峡谷地区，从海拔1000米至4500米的地区都适合树木生长，所以作为我国三大林区之一的四川藏区，丰富的木材资源为区内民居建筑材料提供了重要保障。正是基于此，四川藏区的以木为主的"崩空"建筑，便显得底气十足。"崩空"建筑成为四川藏区民居的亮点之一，自然也是"绚"和"美"之所在。至于以石为材而创造的四川藏区民居，则更是独领风骚。

### 3. 民居与自然环境的高度协调性

四川藏区的许多民居村落或依山傍水，或为绿树所掩映，或为田园所环绕，表现出诗情画意的情韵。更重要的是，高原上的祖祖辈辈，一方面十分珍惜自然的慷慨赐予，另一方面还在加倍用自己的双手，去尽力改变恶劣的环境，去规避自然灾害，努力与自然环境相适应、相协调。将民居作为自然环境中的有机组成部分，这也是四川藏区民居的魅力之所在。

### 4. 民居是藏族传统文化传承和发展的重要空间

首先，就民居建筑而言，它本身就承载着许多与之相关的民俗文化。例如，在修建兴土、竣工乔迁时，都有特别的讲究和习俗。民居的许多相关组成部分，都有特殊的用场和含义，如在房屋平顶上，大都设置有悬挂嘛呢旗的"拉则"，有供烟祭的"松科"，在大门顶上，有的放置白石，有的放置牦牛头或羊头；房屋内起居室的中柱是神圣的祖先的象征，柱上往往悬挂武器、哈达，或丰收的五谷；在房屋顶层，都有专门设置的经堂，以供主人平时礼佛。再如一些地方民居的造型、朝向，以及外装色彩诸方面都有各自的传说故事。其次，民居和民居的主人，总是与村寨、社会联系在一起的。所以，藏族文化和地方性知识的方方面面都会随民居的主人进入到民居之中，民居成为藏族文化和地方性知识传承和发展的重要空间。例如，许多民间故事、民间谚语、民间歌谣，都是在民居的火塘边诞生的，许多节日和民间舞蹈都是以村寨聚落为依托而传承的。

### （四）精石之技

在青藏高原上，凡是有石头的地方，就有"累石为室"的民居。精石之技是藏族民间工匠的一大绝技，这是毋庸置疑的，可是四川藏区民间工匠的砌石技艺却又技高一筹。历史学家任乃强先生，20世纪30年代在丹巴考察时，曾面对那里巍峨的高碉和民居建筑而对当地工匠的砌石技艺发出赞叹。他在《西康图经·民俗篇》中描述道："康番各种工业，皆无足观。唯砌乱石墙之工作独巧。'番寨子'高数丈、厚数尺之碉墙，什九皆用乱石砌成。此等乱石，即通常为山坡之乱石乱砾，大小方圆，并无定式。有专门砌墙之番，不用斧凿锤钻，但凭双手一筐，将此等乱石，集取一处，随意砌叠，大小长短，各得其宜；其缝隙以土泥调水填糊，太空处支以小石；不引绳墨，能使圆如规，方如矩，直如矢，垂直地表，不稍倾畸。并能装饰种种花纹，如褐色砂岩所砌之墙，嵌雪白之石英石一圈，或于平墙上突起浅檐一轮等是。砂岩之成之砾，大都为不规则之方形，尚易砌叠。若花岗岩所成之砾，尽作圆形卵形，亦能砌叠数仞高碉，则虽秦西砖工，巧不敌此。此种乱石高墙，且能耐久不坏。曾经兵燹之处，每有被焚之寨，片椽无存，而墙壁巍然未圮者。甚有树木自墙隙长出，已可盈把，而墙不倒塌者。"先生还在《西康札记·居住》中说："夷家皆住高碉，或称夷寨子，用乱石砌成，其高约五六丈以上，与西洋之洋楼无异，尤为精美者，为丹巴各夷寨，常四五十家聚修一处，如井壁、中龙、梭坡等处，其崔巍壮丽，与瑞士山城相似。"

我国著名建筑学家梁思成先生在《中国建筑史》中总结了我国石砌建筑（主要指内地）用石方法失败的原因，他认为：一是"匠人对石质力学缺乏了解。盖石性强于压力，而张力、曲力、弹力至弱，与木性相反。我国古代虽不乏用石之匠，如隋安济桥之建造者李春。然而通常石匠用石之法，如各地石牌坊、石勾栏等所见，大多凿石为卯榫，使其构合如木，而不知利用其压力而垒砌之，故此类石建筑之崩坏者最多"。二是"垫灰之恶劣。中国石匠既未能尽量利用石性之强点而避免其弱点，故对于垫灰问题，数千年来，尚无设法予以解决之努力。垫灰材料多以石灰为主，然其使用，仅取其黏凝性；以为木作用胶之替代，而不知垫灰之主要功用，乃在于两石缝间垫以富于黏性而坚固耐压之垫物，使两石面完全接触，以避免因支点不匀而发生之破裂"。在青藏高原上，民间工匠们则充分把握了石材压力性强，而张力、曲力、弹力至弱的特点，用最原始的天然石块和泥土，用极其简单的工具，充分运用了石墙施工中的收分技术，石块与石块之间的错位与叠压技术，砌体的找平技术，加筋技术，反手砌石技术，满泥满衔技术。此外，还巧妙地运用三角形稳定性、压力转化等力学原理建造出坚固的石质建筑，从而填补了我国石砌建筑上的空白。在西藏，如布达拉宫、雍布拉宫，以及许多著名藏传佛教寺庙，都是石砌建筑的典型杰作。但是作为民居而言，毫不夸张地讲，四川藏区石砌建筑创造了藏族建筑史上的辉煌。四川藏区的民居，有藏区层数最高、总高度最高的民居——日斯满巴碉楼，有中国最美的乡村——甲居藏寨。四川藏区是青藏高原，乃至全国石砌碉楼最密集、碉楼类型最多的地区，有被称为碉王的金川曾达碉王和丹巴梭坡碉王，其高度均在50米左右，从而享有"千碉之国"的美誉。

四川藏区砌石工匠的技艺之所以能够达到如此炉火纯青的地步，四川藏区的山寨砌石民居之所以享誉华夏，首先是历辈先民对山的崇拜，对山的理解。是绵延高峻的雪山，是怪石嶙峋的山岩，是奇形怪状的砾石，给了他们启发，给了他们灵感，从而悟出了"石室"之道，并通过千百次的实践和锤炼，才成就了重石、恋石、精于石技的绝唱，才擎起了四川藏区民居的一片蓝天。

## （五）四川藏区民居的艺术品格

四川藏区民居的文化多元性、多样性、生态性、精石之技的特点，加上厚重的历史文化积淀，共同构成了四川藏区民居的文化品格，这种文化品格即是十分重视人与民居、民居与自然、民居与人文生态的亲近与和谐；强调藏族建筑文化的同一性和区域性的共融、共存；凸显强烈的质朴、率真、任性、洒脱、稳重、阳刚气质。前面所说的四川藏区民居的"靓、绚、美"究竟在何处？简而言之，便是它的文化品格。其实，如果您作为一个高原旅游的"发烧友"，或是作为民居的探秘者，身临四川藏区，那么，对于四川藏区民居的"靓、绚、美"的感悟就会更深刻。

四川藏区民居的艺术风格或者说是艺术性，与其文化品格是一致的。如果要对四川藏区民居的艺术性进行梳理，那么它重点体现在以下两个方面：

### 1. 装饰的艺术性

装饰的艺术性主要表现在色彩装饰、木雕装饰和绘画装饰上。色彩装饰一般体现在民居外部墙体、檐、门、窗之间的色彩搭配上。各地民居的墙体施色不尽相同，有的地方以砌石石墙和夯筑泥墙的原色为本色，有的地方则施以白色，有的地方在本色墙体上间以黑、白条色。在木质墙和檐、门、窗部位，以红、黑、白三色间彩。整体而言，体现出了强烈的对比度和协调性，艺术效果极佳。木雕装饰和绘画装饰主要用于室内起居室、经堂、梁柱、门、窗、水柜等木质部分。室内装饰一般视其主人的家庭经济状况而定，家境较为富裕的，则先对装饰部位进行雕刻，然后施以彩绘；家境一般的则仅施彩绘。民居中的装饰图案主要为藏族传统美术图案，如莲瓣、云纹、花草、树木、鸟兽等，此外便是带有祝福意义的八吉祥、七珍宝、六长寿、和睦四瑞等。

### 2. 建筑技术的艺术升华

建筑技术在中国历史上被称为营造法式。营造法式包括建筑物的结构、功能布局、装饰搭配等定制，以及施工技术的运用和保证。不同时代的建筑、不同民族的建筑，不同材质的建筑，其营造法式虽然往往各异，但法理相同。营造法式是完成一件空间造型建筑作品的基本技术保障。这是从建筑学的角度来审视的。但从艺术学的角度来观察，"建筑是一种创造空间的艺术"。依此而论，营造法式不仅是完成一件空间造型的建筑作品的基本技术保证，而且是艺术实现的根本保障。彭吉象先生在《艺术学概论》中指出："各门艺术都有自己独特的艺术语言，建筑技术也不例外，建筑的艺术语言和表现非常丰富，包括空间、形体、比例、均衡、节奏、色彩、装饰等许多因素，正是它们共同构成了建筑艺术的造型美。"四川民居和其他类型建筑一样，也同样讲究自己的营造法式，这种营造法式，不仅满足了人们的物质生活需要，又满足了人们的精神和审美需求，实现了"建筑"与"艺术"二者的有机统一。具体而言，就是实现藏族建筑与藏族艺术的有机统一，由此而产生一种意境。江帆先生在《生态民俗学》中，将民居比拟为"犹如从地里长出来"的建筑物，换句话说，传统民居充溢着浓郁的乡土气息，仿佛为"天然之作"，自然也就有青藏高原东部横断山系"天成"的意境美。既然建筑是"凝固的音乐"，是"立体的画"，自然，四川藏区的民居无疑就体现了高原上"悠远的山歌"和"蓝天白云下的绚丽画卷"的意境美。

## 六、四川藏区民居的文化变迁与保护利用

### （一）四川藏区民居文化的历史变迁

四川藏区的民居，也和其他形态的文化一样，在长期的历史发展进程中，随着社会的发展和变革，与时俱进，变迁的步伐从未停止过。从前述"四川藏区民居的发展历程"中，读者对此会有所了解。在此，不妨举例说明之。清代中期以后，在乾隆两次平定金川的过程中，随着热武器的出现和使用，作为防御的碉楼，已经逐渐失去了它在冷兵器时代的防御功能，从而使这种建筑形式逐渐退出了历史舞台，成为珍贵的历史文化遗产。又如，自元代至清末，历代中央政权在四川藏区一直推行土司制度，从而使土司官寨这种建筑形式不断升温，各地大大小小的土司都竞相修建规模不等的土司官寨；自清末"改土归流"以后，这种建筑形式开始受到遏制，直至20世纪50年代中后期，四川藏区完成民主改革，彻底废除土司制度，区内的土司官寨也就成为了一种历史遗存，仅有极少数官寨作为文化遗产而存留下来。再如，一直以来，四川藏区的绝大多数传统民居，一是为了保暖，再则是为了防盗、保安全，但凡两层以上的民居，底层只有通气孔，不开窗，二层以上只开小窗；在民居内部，一般底层为畜圈，二层和二层以上才是人居空间，人畜混居的现象普遍存在；火塘文化一直以来也是四川藏区民居一大特色，所以，室内不仅光线暗淡，而且烟熏火燎的状况十分严重；卫生间设在民居二楼

一侧，不仅不雅观，而且影响环境卫生。这样的传统老民居在一些偏远地区至今还可以看到。改革开放以来，随着人们生活水平的不断提高，物质条件得到改善，加之传统观念的逐步改变，上述情况得到了极大的改观。四川藏区是一个地震灾害频发的地区，区内发生过多次较为严重的地震，例如20世纪50年代的康定地震，70年代的炉霍地震，80年代的道孚地震，90年代的巴塘地震，以及2008年的汶川大地震等，给四川藏羌地区的人们造成了巨大的灾难，自然四川藏区的民居所遭受的损失也是极其严重的。这里特别要提出的是，在70年代炉霍地震和80年代的道孚地震中，作为"崩空"建筑之乡的这两个县的民居，几乎毁于一旦。在党中央的亲切关怀和省、州两级政府的直接领导下，炉霍、道孚两县的人们在抗震救灾和恢复重建的过程中对"崩空"进行了许多探索性的改造。这种改造，一方面是结构性的改造，另一方面是风貌性的改造。在结构性的改造中，一是采用了将汉式穿斗式结构和藏式崩空结构进行有机结合的二元结构，大大增加了新型"崩空"的抗震性能；二是在房屋的底层和二层都设置了天井，增加窗户的数量并加大窗户的尺寸，从而改善了室内的采光条件；三是室内楼梯从传统的独木楼梯，改为汉式扶手踏步梯；四是二层取消吊脚厕所，改置相对独立的卫生间，厨房单设，从而使居室内的卫生环境大为改观。在风貌的改造中，一是实行了人畜分居；二是充分利用当地艺人们的木雕、绘画技艺，对室内的客厅、居室、经堂、橱柜、壁柜、梁、柱、门、窗等进行精雕、彩绘。在外观装饰和色彩搭配上，充分体现出传统特色。炉霍、道孚民居在灾后重建过程中的改造，是四川藏区民居在现当代变迁中一个十分成功和突出的案例。经过改造后的炉霍、道孚民居，被公认为是全国藏区中"崩空"民居的典型代表，故有"藏族民居双绝"的美誉。

宏观而言，在当前国际经济一体化，科学技术飞速发展，文化大交流的大背景下，现代建筑技术和现代建筑材料风行潮流日新月异，席卷着世界的各个角落。在我国，城市的面貌也正经受

着现代建筑潮流的洗礼，这是社会发展的一个必然，不可逆转。建筑文化的变迁和其他文化的变迁一样，节奏在不断加快，无论城市和乡村，延续千年的中国传统建筑正面临着严峻的挑战，许多古城镇、古村落逐渐消失，许多古建筑、古民居已经成为历史。在这种形势下，既要吸纳国际先进的建筑技术、应用现代建筑材料，不断推进我国现代城市和现代农村建设，又要保留住我国传统建筑的"文脉"，已逐渐成为广泛的社会共识。在国家制定的文化遗产保护方针的指导下，许多珍贵的物质文化遗产和非物质文化遗产得到了有效保护。对于民居而言，一些老街、老房子、古村寨、古镇等，有的作为文物保护单位，有的作为历史文化名镇、名村得到了保护，同时也在保护中得到了合理的利用。

## （二）四川藏区民居的保护与利用

近年来，四川藏区民居在城镇化、新农村和牧民新村建设步伐的驱动下，发展形势迅猛，多数农牧民都建造了自己的新居。过去传统民居中的诸多弊端都得到了相应的解决，同时，一些现代工业建材和设施也在新民居建设中得到应用，广大农牧民的居住环境得到了改善。随着旅游产业在四川藏区的地位越来越突出，广大农牧民对旅游开发的积极性不断高涨，藏家乐、牧家乐以及景区景点的民居接待如雨后春笋般勃发，民居在满足旅游产业功能要求的同时，也在进行与之相适应的改造。但是，四川藏区民居的发展在方兴未艾之时，也存在着一些忧虑。这些忧虑主要是从文化遗产保护和生态保护的角度而言的。例如有些新农村和牧业新村的设计规划，对地方性文化知识及地方性建筑传统考虑不足，所以在推广和使用新建材时，对于新建材与当地民居本身的特点是否相融，与所处的环境是否相协调等问题缺乏思考，这些忧虑应认真加以对待。

当前，四川藏区的民居，除了少数的古民居、碉楼、土司官寨被作为文化遗产而受到应有的保护外，大多数民居依然处在自生自灭的境遇之中，其中有不少堪称民居建筑中的优秀之作。不可否认，由于经济发展和社会进步，人们的生活方式发生了一些变化，有些民居建筑在功能、结构、设备等方面已经不能完全适应现代生产和现代生活方式的需要，但是，这些民居的历史价值和经济、文化价值，仍然是客观存在的，而且是不可磨灭的。我们应该注意对其中一些具有较高价值的民居进行保护，这些民间建筑的优秀成果在得到有效保护之后，无疑将永远是我们创造民族化、现代化建筑的重要创作源泉，这一认识已逐步成为社会的普遍共识。近年来，由四川省建设委员会、四川省土木建筑学会、四川省建筑勘察设计学会经过较长时间的调查研究，出版了《四川民居》；由四川省甘孜藏族自治州规划建设局主持，由热贡·多吉彭措编辑出版的《中国西部·甘孜藏族民居》；由西南民族大学杨嘉铭和四川省社会科学院杨环共同编写的《四川藏区的建筑文化》，这些著作对四川藏区民居的发掘、整理和研究，为弘扬四川藏区的民族建筑文化起到了一定的推动作用。新近，四川省旅游局，立足国道317线、318线四川部分旅游开发，将四川藏区民居作为"中国最美景观大道"的重要旅游资源和旅游产品，对民居进行重点保护和利用，并成立编纂委员会，编写了《四川藏区民居图谱》系列丛书，旨在为四川藏区民居文化遗产的保护，为旅游产业的提档升级和富民升位做出应有的贡献，为四川藏区城镇化、新农村、牧民新村建设提供具有真实性、学术性、权威性的民居文化档案。

杨嘉铭　杨环
2015 年初写于成都

康定木雅民居
摄影：道坞·晋美
地点：康定县周边

第一章
甘孜州康东
民居导论

# 第一节　康东自然生态与人文生态环境

"康"系藏语音译，是我国历史上藏族三大聚居区卫藏、安多、康中的一个区域称谓。康区泛指当今西藏自治区昌都地区（现已改市）、云南省迪庆藏族自治州、青海省玉树藏族自治州和四川省甘孜藏族自治州。四川省甘孜藏族自治州（以下简称甘孜州）是历史上康区的重要组成部分。在甘孜州境内，人们习惯上按照地理方位，将其划分为康东、康南、康北三个小区域。这种习惯划分一直沿用至今。康东地区含泸定、康定、丹巴、九龙、道孚5县，康南地区含雅江、理塘、巴塘、得荣、乡城、稻城6县，康北地区含炉霍、甘孜、色达、新龙、石渠、德格、白玉7县。本卷书中所指的康东地区未包括泸定县，仅指康定、丹巴、九龙、道孚4县。其原因是泸定系甘孜州东大门，紧邻雅安市的汉源县、石棉县、天全县等汉族地区，长期受到汉文化的影响，汉族人口在境内的比例不断增大，逐渐成为一个以汉文化为主体文化的县份，当今已经很难寻觅到藏族民居建筑的踪影。

康东4县南北纵向呈长条形，南北最长处约350公里，东西最宽处约170公里，面积约30 894.75平方

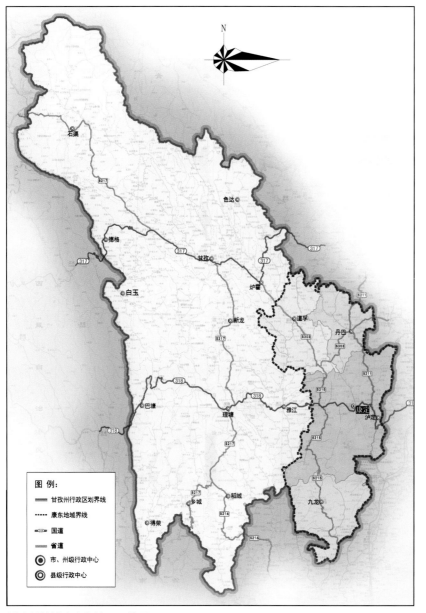

甘孜州辖域内康东地区区位图

图　例：
—— 甘孜州行政区划界线
…… 康东地域界线
国道
省道
市、州级行政中心
县级行政中心

公里，占四川甘孜州总面积的20.19%，占四川省总面积的6.36%。其地理坐标为北纬28°19′—31°32′，东经100°32′—102°38′。在这一区域内，不仅自然生态环境多样性突出，而且人文生态环境多样性也十分显著，民居建筑文化的多样性也非常鲜明。

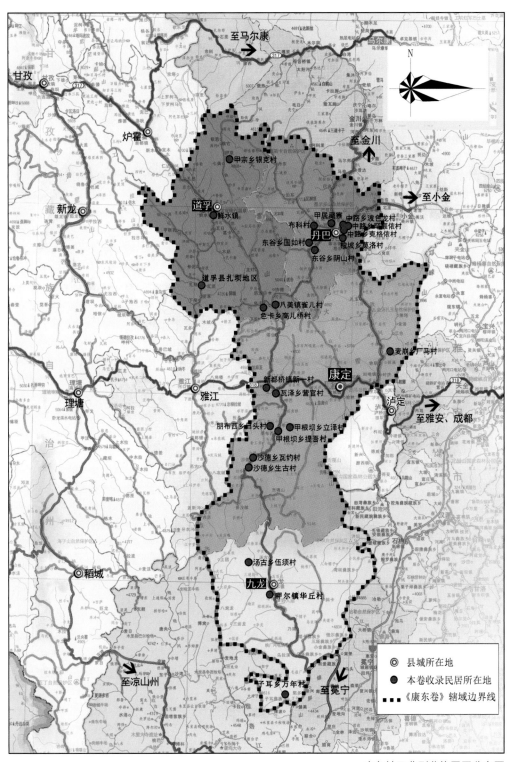

康东地区典型藏族民居分布图

## 一、自然生态环境

甘孜州地处青藏高原东南缘，康东地区则位于青藏高原东南缘的东部边缘地带，是青藏高原第一地理阶梯向四川盆地第二地理阶梯过渡的核心区域。这一区域的自然生态环境虽然与康北、康南地区一样，同属于青藏高原大生态环境，但比较而言，也有其自身的一些显著特点。

### （一）山高谷深，海拔高差大

康东地区大雪山脉、邛崃山脉纵贯，雅砻江水系、大渡河水系的众多河流穿插全境，境内高山巍峨，峰峦叠嶂，江河深切，谷深幽幽，高山峡谷地貌特征极为典型。境内平均海拔高差达到4160米，其中海拔高差最大的是康定县，位于康

定、泸定、九龙三县境内的大雪山脉主峰、有"蜀山之王"美誉的贡嘎山海拔7556米，东部大渡河河谷的鸳鸯坎，海拔1390米，两地海拔高差达6166米，是青藏高原上海拔高差最大的地区之一。除此之外，丹巴县、九龙县也是甘孜州海拔高差较大的地区。在康东高山峡谷地区，地质构造复杂，具有明显的分异性，鲜明的对照性和普遍的多样性，造就了康东地区奇特的高山峡谷景观和风貌。

### （二）立体气候带谱凸显

由于康东地区的地理纬度较低，多处于北纬30°左右，加之海拔高度的巨大差异，形成了极为明显的立体气候带谱，青藏高原高山寒带、高山亚寒带、山地寒温带、山地凉温带、山地暖温带、河谷亚热带6种气候带谱一应俱全。就主要

亚拉雪山胜景（道坞·晋美摄影）

康定县莲花湖（道坞·晋美摄影）

九龙县伍须海

人居环境而言，康定、九龙、道孚3县的人居环境，多为山地凉温带，丹巴县的人居环境多为河谷亚热带。

### （三）生物多样性特点突出

正是因为康东地区的立体气候带谱相对完整，为多种生物的生存提供了最基本的条件。首先是在区内的康定、丹巴、九龙3县都有适合于6种气候带谱的动植物生长，堪称甘孜州乃至其他同纬度地区的生物多样性基因库。其次是由于山地环境和以凉温带、亚热带为主的人居环境，决定了康东地区的农、林业的基础地位，仅以经济林木为例，康东地区的经济林木种类与康北、康南地区比较，优势十分明显。

### （四）林业资源丰富

甘孜州是我国三大林区之一的西南林区的重要组成部分，森林面积达2000多万亩，活立木积蓄量约占四川省木材积蓄量的三分之一，森林树种类型颇为丰富，据初步统计有32种之多。丰富的森林资源不仅为当地人民提供了生产生活用材，而且是维护长江上游地区水态平衡的重要水源涵养林和水土保护林，是"天府之国"四川的天然生态屏障。甘孜州的森林主要分布在金沙江、雅砻江、大渡河及其支流的高山峡谷地区，康东4县的高山峡谷地区都是甘孜州的主要林区，其中道孚县林地面积有400多万亩，九龙县和丹巴县林地面积均为390余万亩，康定县林地面积达280余万亩。康东4县的林地面积占据了甘孜州林地面积的大半壁河山。

### （五）多样的自然景观

康东地区山高谷深的地貌，复杂的地质结构，多样的气候带谱，共同组成了境内多样的自然景观，其著名的山峰有贡嘎山、亚拉雪山、墨尔多山、折多山、党岭山、海子山、大神山等；著名的湖泊有伍须海、猎塔湖、木格措；著名的地质奇观有道孚县八美土石林，丹巴县章谷镇旋钮形地貌，康定县玉龙西村的钙化泉等；著名的峡谷有九龙县雅砻江段大峡谷，丹巴县至康定县大渡河段大峡谷，道孚县鲜水河段大峡谷等；较为著名的草原有道孚县玉科草原和康定县塔公草原。

## 二、人文生态环境

康东地区的人文生态环境与其自然生态环境一样多姿多彩。其突出特点主要体现在以下方面。

### （一）民族的多元性

康东地区地处甘孜州东南部，在历史上又是通往汉族地区和其他少数民族地区的门户，尤其是康定县成为汉藏贸易的重要集散地后，汉族、回族、羌族以及彝族等民族逐渐移居到康东地区的人不断增多，使得康东地区的民族成分有了一定的改变，其中汉族、回族、彝族逐渐成为当地的世居民族，并与当地的主体民族藏族杂处。较为突出的是九龙县、康定县和丹巴县。九龙县的人口中，藏族、汉族、彝族人口各占三分之一；在康定县折多山以东汉族人口所占比例大于藏族人口比例，同时还有不少回族人口世居在康定县炉城镇内。丹巴县的总人口中汉族、回族和羌族人口所占比例也在40%以上。所以康东地区的民族多元性特点与康北、康南地区比较，显得要突出许多。汉族、回族、彝族等民族的文化自然也就与本地藏族的文化形成了互融共存的局面。

### （二）唐以前的古老族群的文化遗存较为丰富

我国著名社会学家、人类学家费孝通先生曾经提出过"藏彝走廊"的民族区域概念学说。有关专家认为："这一区域，包括藏东高山峡谷区、川西北高原区、滇西北横断山高山峡谷区以及部

丹巴县中路乡嘉绒歌舞（泽里摄影）

分滇西高原区。就行政区划而言，藏彝走廊主要包括四川的甘孜藏族自治州、阿坝藏族羌族自治州、凉山彝族自治州和攀枝花市、云南的迪庆藏族自治州、怒江傈僳族自治州和丽江市、西藏的昌都地区等地。"① 费先生在《关于我国民族识别的几个问题》一文中指出："我们以康定为中心向东和向南划出了一条走廊。把这条走廊中一向存在着的语言和历史上的疑难问题一旦串联起来，有点像下围棋，一子相连，全盘皆活。这条走廊正处在藏彝之间，沉积着许多现在还活着的历史遗留，应当是历史与语言学的宝贵田地。"由此，不难看出，康东地区不仅是藏彝走廊区域中典型的高山峡谷区，更是藏彝走廊的核心地区。这一地区虽然已经经历了千余年的文化变迁，但是唐代以前的古老族群的文化遗存依然不同程度地得到保存，其中最突出的就是语言文化。在四川藏区，至今仍然保留着许多古老语言，藏语称之为"绒路"。如木雅语、贵琼语、尔龚语、扎坝语、曲域语、尔苏语、普米语、纳木依语、白马语、嘉绒语等，这些古老语言中，除白马语和曲域语外，其余语言在康东地区均有分布。在上述古老语言分布区的许

---

① 袁晓文. 藏彝走廊：文化多样性、族际互动与发展 [M]. 北京：民族出版社，2010:1.

多藏族民俗文化中，也不同程度地保存着古代族群的文化遗存。

### （三）土司文化十分发达

自元代中央王朝推行土司制度以来，历经明、清两朝的数百年间，甘孜州的大小土司最多时达到120余员，其中康东地区的土司近50员，占甘孜州土司总数的40%以上。在较大的土司宣慰司中，甘孜州境内共为4员，康东地区就占了3员。康定明正土司（甘孜州历史最为悠久的土司之一）的势力范围不仅包括康东地区的康定、九龙、丹巴、道孚、泸定5县，还延伸至康南雅江县的部分地区。明正土司辖区内历史上有二百户48员，二千户2员，其势力和影响可见一斑。

### （四）由生态环境所决定的生产生活方式的多样性

康东地区特殊生态环境和立体气候带谱所决定的物产，致使当地民众在不同的气候带谱中具有不同的生产方式，其农牧产品亦有所不同，并最终演变为与生产方式相适应的多样的生活方式及其习俗，较之康南康北更为突出。

康东地区由于受到民族的多元性、丰富的古代族群的文化遗存、发达的土司文化以及自然生态环境的多样性所带来的多重影响，形成了康东地域文化的多样性。康东地区地域文化的多样性的典型代表，除了已经提到的语言文化外，还包括饮食文化、民间歌舞文化、服饰文化以及本卷所涉及的民居建筑文化等方面。

# 第二节　康东民居类型

## 一、康东民居的基本类型及总体特点

### （一）康东民居的基本类型

根据我们的实地考察情况，结合咨询专家的结果以及查阅整理的相关资料，我们综合分析后认为，康东民居的文化分类，大致与康南、康北两个地区一样，可分为牧区活动式帐篷民居建筑、农区固定式民居建筑两个大类。康东地区的牧区与康南、康北地区比较，由于范围不大，除了康定县的塔公草原和道孚县的玉科草原外，其余牧区均为农区高山草甸零散牧业点，所以康东地区的活动式帐篷民居不具有代表性，仅作为康东民居的一个类型存在。康东地区的农区民居建筑特色最浓郁、类型最丰富。如果按民族来划分，主要有藏族民居、汉族民居和彝族民居，藏族民居是康东民居的主体。汉族民居主要分布在康东4县的城镇以及汉族聚居的农业村寨。彝族民居主要分布在九龙县彝族聚居的村寨。

康东地区农区藏族民居，如果按照建筑学的质地结构类型来划分，仅为石木结构类型。但在历史上，人们已经习惯将某一地方的民居建筑冠以族群的名称，所以文化类型的民居建筑显得丰富多彩，其称谓也约定俗成，例如木雅民居。木雅藏族在历史上是一个极负盛名和具有神秘色彩的古老族群，主要聚居在甘孜州的康定、九龙、雅江、道孚4县以及雅安市的石棉县等地，分布区域范围比较广。加之明正土司的影响力，木雅文化在甘孜州独树一帜，民居建筑也别具风韵。故木雅藏族所建设和居住的民居，习惯上被称为木雅民居。又如鱼通民居。鱼通藏族是历史上一个比较小的古老族群，他们居住在康定县大渡河流域一个十分狭窄的区域内，其民居特点十分鲜明，人们也习惯上称之为鱼通民居。再如嘉绒民居。嘉绒藏族是四川藏区境内地跨甘孜、阿坝两州的一个分布范围较广、文化特色鲜明的族群。在阿坝州，嘉绒藏族主要分布于金川、小金、马尔康、壤塘、理县、汶川以及黑水等县。在甘孜州，嘉绒藏族主要分布在丹巴县境内，但在历史上，习惯将泸定、康定东部地区也称为嘉绒藏区。此外，雅安市宝兴县境内的藏族也属嘉绒藏族。上述地区的嘉绒藏族，其民居统称为嘉绒民居。在康东地区，丹巴县的嘉绒民居是整个嘉绒地区保存最完整、风格也十分突出的民居。

牛毛帐篷（洛日俄色摄影）

康东地区典型的木雅民居建筑

关于康东地区农区的民居类型，我们在尊重当地的习惯命名外，增加了所在县城的县名，归纳起来为康定县和九龙县的木雅民居、丹巴县嘉绒民居、康定县鱼通民居、道孚县崩空民居、道孚县扎坝民居、九龙县（吕汝、尔苏）小族群民居，总共6种基于地缘和文化类型进行划分的民居类型。在6种类型的农区民居中，康定县和九龙县的木雅民居、丹巴县嘉绒民居和道孚县的崩空民居，不仅在甘孜州内具有典型性和代表性，就是在四川藏区乃至全国藏区都具有典型性。而道孚县扎坝民居、康定县鱼通民居和九龙县（吕汝、尔苏）小族群民居，这3类民居虽然个性特点突出，但由于分布范围小，影响不大，只是在康东地区具有一定的代表性。所以习惯上将前三种民居称为大类型民居，将后三种称为小类型民居。归纳起来，康东农区民居的文化类型为"三大三小"。

其实，在康东的农区民居类型中，有的类型还可以细分出一些亚类。例如在九龙县（吕汝、尔苏）小族群民居中，除了吕汝、尔苏两个小族群的民居外，境内还有普米、纳木兹等小族群，这些小族群的民居，大体上与吕汝、尔苏小族群的民居风格大同小异，所以没有作细分，统统归入九龙县（吕汝、尔苏）小族群民居之中。从整个嘉绒地区而言，丹巴县嘉绒民居仅仅是四川嘉绒民居中的一个代表，其他嘉绒地区的民居也有一些区域性的个性特征，而在丹巴县境内的5条沟（丹东革什咱沟、牦牛沟、小金沟、大金沟、大渡河段）的民居，也都有各自小区域范围内的特色。尽管如此，为方便表述，也为突出重点，本书在后面的叙述中不对民居作亚类细分，对丹巴县境内不同特点的嘉绒民居，一律统称为丹巴县嘉绒民居。

在康东地区，还有个别已经消失的藏族民居，如康式锅庄民居。康式锅庄大约兴起于清初，到民国时期共有70余家，著名的锅庄有48家之多。锅庄是具有双重性质的处所，早期主要为明正土司下属官员的办事处所，随着康定成为汉藏贸易的重要口岸和集散地后，锅庄业初兴，锅庄又成为汉藏贸易集旅馆、货栈、作坊、马厩等为一体的特殊交易场所。著名摄影家、中国电影的开创者孙明经于1939年在今甘孜州的考察和拍摄中，曾经拍摄过一些康定的照片，在《定格西康》一书中，有一幅康定全景图，在图片的解说文字中描述道："照片中可清晰看到康定河穿城而过，典型的藏式建筑之五明学院①、康式建筑锅庄、洋人小洋房和汉式建筑和谐相处。"文中所说的康式建筑锅庄即指康定锅庄。所谓康式建筑，意为具有当地特色的藏式建筑，这种建筑的特点一是多为四合院院落式建筑，二是汉藏建筑风格合璧，三是功能多样，既是交易场所，又是旅馆、作坊、货栈和马厩。由于康定地形狭窄，城镇建设的发展空间十分有限，新中国建立后，随着城镇建设和社会发展步伐的加快，锅庄业这个康定历史上

---

① 指康定城内的藏传佛教寺庙"安雀寺"。

的特殊行业逐步退出了历史舞台，锅庄民居逐渐消失，仅仅成为一段历史，但值得记忆。

### （二）康东民居的总体特点

**1. 多样性特征突出，各县民居多呈现"一县多景"的现象**

前面已经谈及康东地区自然生态和人文生态的多样性，是促成区内民居多样性的基本要素。在农区的6种文化类型的民居中，多元族群性体现为民居中的外显特征十分鲜明，个性十分强烈。例如康定县木雅民居、康定县鱼通民居、道孚县扎坝民居、丹巴县嘉绒民居、九龙县（吕汝、尔苏等）小族群民居，都属于石木结构质地类型的民居，这些民居建筑的主要建筑材料都是天然石头和木材，建筑技术也基本相同，但是，不同地区的民居，由于区域文化个性存在着差异，自然其民居建筑的外显特征就不可避免地流露出各自明显的文化个性。又如道孚县崩空式民居，在20世纪80年代以前，多数民居的外部围护结构为夯土墙，少数民居的外部结构为石砌墙。这充分体现出道孚县崩空式建筑宜土则土、宜石则石的生态性特点，其木结构部分主要为箱形崩空。这种建筑格局，与甘孜州康北地区的炉霍、甘孜、新龙、白玉、德格等县的类似民居的结构基本一致，都属于传统搁梁式箱形崩空。但自20世纪70年代炉霍地震和20世纪80年代道孚地震以后，为了使民居具有更好的抗震性能，道孚的民居建筑发生了较大的改变：其一是木结构崩空部分在传统搁梁式箱形崩空的基础上，借鉴了汉式木穿斗结构，最终形成了现在的穿斗式崩空结构，大大加强了民居建筑的整体性性能。其二是由于当地木材资源丰富，加大了柱、梁等的体量，以增强崩空的稳固性。其三是居住环境有了明显改善。其四是民众越来越重视崩空结构内部的装修。其五是外部围护结构基本都为石砌墙体。其六是建筑外部的色调基本统一。所以，当今的道孚县崩

空式民居，其个性特征更为鲜明。不仅在四川藏区，就是在全国藏区也独领风骚。严格地讲，道孚县崩空民居应归于石木结构类型的民居之中，但由于在道孚县崩空民居的建筑材料中，木材所占的比重大于石材，且崩空的主体地位在这种建筑物中十分突出，所以亦可归于木结构民居类别。在道孚县境内，扎坝民居和崩空式民居是两种风格迥异的民居。在康东地区，道孚县崩空民居、康定县木雅民居与丹巴县嘉绒民居是三道最亮丽的风景线。

在康东地区的每一个县境内，至少都有两种民居类型，一些县多达三至四种。例如在道孚县境内，除了农区的扎坝民居和崩空式民居外，龙登坝子和玉科草原都属于草原牧区，活动式帐篷民居建筑随处可见。又如丹巴嘉绒民居，除了民众居住的民居，还有两类民居建筑显得弥足珍贵。一类是古碉遗存，古碉建筑在古代十分发达，丹巴素有"千碉之国"的美誉，至今在境内还保存着各种类型的古碉600余座，是整个青藏高原上古碉建筑最密集的地方。另一类是坐落于丹巴莫斯卡牧区的仿藏传佛教坛城修建的微型城堡（牧民定居点），这类民居建筑在全国藏区实为罕见。

2. 历史积淀浑厚，古碉建筑遗存丰富

位于丹巴县中路乡的罕额依新石器时代遗址是迄今为止在甘孜州经过正式考古发掘的古遗址，其历史跨度为公元前5000年至公元前2000年的3000年间。在发掘中，除发掘出大量的石、陶、骨等器物外，还发现了7座房屋遗址，"形状为长方形，墙体用石块砌成，内壁抹黄色黏土"[1]。罕额依新石器时代遗址是继西藏昌都县卡若斯器时代遗址之后，人们发现的又一处带有古建筑物遗存的新石器时代遗址，也是迄今为止四川藏区已发掘的多处新石器时代遗址中唯一有建筑遗

存的遗址。在丹巴县中路乡一带，除新石器时代的房屋建筑遗址外，还发现了数量可观的秦汉时期的石棺墓。此外，中路乡至今还保存着许多古碉。由此可见，丹巴县中路乡自新石器时代以来，古建筑遗址、石棺葬、古碉石砌建筑并存，并一脉相承，其厚重的历史积淀可见一斑。在康定县沙德乡瓦约村，至今还保存着一处古老的木雅民居（现为四川省重点文物保护单位），经专家考证，该民居已有1500余年历史。这座建筑面积达952平方米的民居建筑，是现存传统木雅民居建筑的典范。道孚县扎坝民居碉式风范特别明显，可谓"家家居碉楼"，它仿佛把人们带到了《北史·附国传》"俗好复仇，故垒石为碉而居，以避其患。其碉高至十余丈，下至五六丈，每级丈余，以木隔之。基方三四步，碉上方二三步，状似浮图"的场景之中。扎坝民居应是当今研究附国碉式浮图最理想的场域。

古碉建筑广泛分布于青藏高原的藏区，这种建筑脱胎于民居，是古代藏族传统民居的重要组成部分，它充分体现出藏族砌石为墙的高超技艺和艺术追求。在青藏高原上，古碉分布最密集的地区在今四川藏区，在四川藏区中，甘孜州康东地区的古碉建筑既普遍又集中。在康东地区的丹巴、康定、道孚、九龙4县，县县都有古碉建筑的遗存。法国的费德瑞克·达瑞根女士在其所著的《喜马拉雅的神秘古碉》中写道："随着研究的深入，我发现可将碉楼分为四个群落……有三大碉楼区域位于四川：理县、茂县羌族聚居区；嘉绒地区；雅砻江流域，南起木里、东至康定、北至道孚、西至雅江；第四大区域在位于西藏东南的工布。"在康东4县中，除了前述丹巴县内密集的碉群外，康定县境内的沙德、甲根坝、朋布西等乡还有古碉数十座，其中朋布西的双碉是这一地区古碉的典型代表。朋布西一带至今还流传着一些有关古碉历史的传说，传说那里有一座古碉的墙体上镶嵌着有"霍尔·噶卡甲布"藏文

---

① 四川省丹巴县志编纂委员会. 丹巴县志 [M]. 北京: 民族出版社，1996:592.

字样的石刻，表明在宋元时期的"霍岭大战"中，就已经修建了那样的雄伟战碉。

## 二、康东农区6类民居

### （一）康定县木雅民居

"木雅"一词无论是在藏族历史文献中，还是在《格萨尔史诗》中都有记载，它既是一个古老族群的称呼，也代表着一个特殊地域。根据《安多政教史》记载，藏区多康六岗含：色莫岗、擦瓦岗、马康岗、绷波岗、玛扎岗和木雅热岗，这其中的"木雅热岗"所指的就是木雅藏区。在当代，木雅藏区的范围涵盖今康定县折多山以西、道孚县以南、雅江县以东、九龙县以北一带地区。有关木雅藏族的来源，学术界一直存在争议，但很多人认为木雅藏族是古代党项羌人与本地土著先民融合繁衍的后裔。木雅民居是康东地区的三大主要建筑流派之一，木雅民居以石木结构为主，

凭借高超的石砌墙技艺和宏伟的建筑规模闻名于世，每一座民居都形似堡垒，坚不可摧。木雅地区植被茂盛、河道纵横，石材充足，该区域内降雨量和光照都能满足农业发展的要求，属于半农半牧地区。木雅人吃苦耐劳，当地居民的生活较为富裕，藏式民居特色鲜明且质量较高。

木雅民居的建筑特色与该地区的自然生态条件密不可分，同其他藏区一样，就地取材和因地制宜始终贯穿木雅民居的整个建造过程。此外，木雅人对民居的修建十分讲究，一栋民居的修建往往花费巨大并且可能耗时数年。木雅民居大多为三四层，每户围合一个院落。在康定县南部的甲根坝乡一带，民居的建筑体量很大，总建筑面积有的多达上千平方米，少的也在300平方米以上。修建时邻居和亲戚之间相互帮忙，因此同一地区各户的民居外观差异极小，内部格局也大体相同，只是在房内装饰和陈设摆放上因人而异。木雅人建造自家民居通常选择在距离自家田地不

覆以木瓦板的木雅民居

木板坡顶

正在砌石墙的工匠

九龙县汤古乡伍须村木雅民居聚落

远且靠近河流和森林的地方，以利于取水灌溉和方便拾柴。木雅民居聚落少则十余户多则几十户，每一户都尽量利用坡地少占平地，并且在朝向上也尽量坐北朝南，十分利于向阳背风。

木雅民居在承重结构方面的特点较为鲜明，民居在建造过程中首先砌筑石墙，在石墙上架门窗梁从而留出门窗洞，之后在墙上穿梁，同时架设木柱并搭建椽木，接着搭楼板，直至建至最高层，最后搭盖屋顶。以这种方式完成的民居建筑，其承重主要依靠墙体，民居的墙体厚度可达70厘米，下宽上窄，外墙面由下而上逐渐收分，收

分的系数为百分之五左右，而内墙面则始终保持与水平面垂直，这种建筑结构符合建筑力学的建造要求，保证了木雅民居几百年屹立不倒。除了注重建筑的承重体系，木雅民居还注重排水体系。大多数木雅地区降雨量充沛，为防水，传统木雅民居的顶部会覆盖很厚一层黏土，但这也不能很好地解决排水和渗水的问题，2010年，甘孜藏族自治州成立60周年之际，政府就此出台一项惠民政策，即免费送红瓦至新建或者愿意对屋顶进行改造的村民家，以此方式在甘孜藏区推广红瓦坡顶。如今木雅一带的藏民居，受此政策的鼓舞，

纷纷建造起了坡顶，使得木雅民居拥有了更好的防水性能。无独有偶，在历史上传统木雅民居也有搭建人字坡顶的先例，在雨水较为充沛、森林密布的地区，民居多采用坡屋顶，其覆盖层一般有两种，一种是覆以木板，另一种则覆以石板。至今，九龙县汤古乡的伍须村里许多村民仍然用木瓦板盖顶。

木雅民居的装饰分为民居内部装饰和外部装饰，在藏区各种机制条石日渐增多的当代，很多木雅人在建造自己家园的时候使用机制条石进行民居外部的装饰，这已经成为 2000 年以后康东木雅民居的新特色；而在内部装饰上，随着近年来康东木雅地区交通和旅游环境的不断改善，外来建筑文化和本地的民居建筑文化交融更为深刻，时常能在藏民居内见到瓷砖、墙纸、地胶等装饰材料。尽管康东藏民居正经历着前所未有的大变革，但一些传统藏民居元素却仍然被很好地传承下来，无论是藏式水柜、壁橱、藏桌、锅庄、箱式或者椅式藏床等家具陈设，还是雕刻精美的木作、描画细致的彩绘，无不彰显着最为传统的藏式风格。

## （二）丹巴县嘉绒民居

在甘孜州丹巴县，阿坝州金川、小金、马尔康、理县、黑水、红原和汶川部分地区，以及雅安市等地，居住着讲嘉绒语、以农业生产为主的嘉绒藏族，藏区称这一地区的藏民为"绒巴"（农区人）。本卷中介绍的丹巴县嘉绒藏民居既是嘉绒建筑文化的典型代表，更是康东地区不可或缺的一类民居典范。

丹巴县位于甘孜藏族自治州东部，与成都平原仅隔一条邛崃山脉，属于大渡河上游，是甘孜州的东大门，东与阿坝州小金县接壤，南与州府康定县交界，西与道孚县毗邻，北与阿坝州金川县相连，境内耸立着海拔 5105 米的墨尔多山主峰。

梭坡古碉藏寨（泽里摄影）

墨尔多神山下的藏寨
（泽里摄影）

丹巴县属于高山峡谷地貌，境内山脉多呈南北走向，且山河走向趋于一致，其地势高差悬殊，谷底和山顶高差一般为2000到3000米以上，从山顶至河谷气候带分层明显，为农、林、牧业全面发展提供了适宜的气候条件。嘉绒藏族的古碉和碉房林立在河流两岸缓坡的密林之中，与自然极其和谐。丹巴河谷地带的海拔在整个康东地区都算较低的，县城海拔仅1800米，气候宜人，夏无酷暑，冬无严寒。年均气温14.2℃，最冷的1月平均气温4.4℃，最热的8月平均气温22.4℃。丹巴县光照充足、降雨丰富，气候条件跟干燥寒冷的青藏高原形成鲜明对比。得天独厚的自然条件十分利于农业耕作，勤劳的嘉绒藏民世代在这里过着以农业为主畜牧业为辅的生活，守护着山坡上一片片宝贵的耕地。

关于丹巴的嘉绒藏族起源众说纷纭，较多的学者倾向于认为嘉绒藏族是吐蕃东侵时期，吐蕃驻军和当地土著形成的一个部落。由于丹巴县处在"藏彝走廊"上，自古就是沟通东南西北各民族经济文化交流的要冲，所以嘉绒藏族无论是民族服饰、民居建筑，还是生活习惯，都有着多元文化融合的印迹。

嘉绒民居的建筑特色与嘉绒地区的人文环境、自然生态、生产方式等因素密不可分，充分体现了康东嘉绒地区劳动人民的智慧。

受限于高山峡谷的地貌特征，丹巴县嘉绒民居不是选址在河谷的平缓地带，就是建造在河谷两岸的缓坡台地之上。一个村落的民居数量从十几户到上百户不等，坡度较缓的地方民居比较密集，坡度较大的地方民居则很分散。或十余户建在一起，或一两户独守一片，民居建筑皆沿等高线横向布局，建筑形态大体相似，但格局

丹巴巴旺河谷民居（泽里摄影）

根据地势的不同有所变化。民居建筑选址按照"不占熟地、紧邻耕地、靠近水源、背山向阳、避开风口、互不遮挡"的原则进行修建，概括起来就是"依山就势，因地制宜，高效利用"。

除此之外，不可否认宗教因素对嘉绒民居选址的重要影响。嘉绒藏族信奉的苯教崇尚自然，相信人与自然之间存在着精神层面的和谐，他们相信在自然万物的背后可能寄托着某个神灵，因此选址会尽量少破坏环境[①]。决定建造房屋之后主人家会请来当地的巫师"贡巴"，在经过念经卜卦以后确定最终的选址方案，并且在动土之前也会请巫师来祭祀作法。

民居建筑的外观是传递建筑文化的窗口，嘉绒民居的外观风貌与康东其他流派的民居相比，特征十分明显：第一，嘉绒民居一般为 3 至 5 层，且逐层向内向后退建，以此形成众多的露台和晒台以及

体现天人合一观念的嘉绒民居

① 郝晓宇，李军环. 宗教文化影响下的乡城藏族聚落与民居建筑研究 [D]. 西安建筑科技大学，2013.

丹巴县布科藏寨远景

人行走道。据当地村民讲，碉房民居的外观酷似僧人打坐，顶层的小碉房是僧人的头，顶层下面一层呈"L"形，代表着僧人打坐的手，再下面一层则似僧人盘曲的双腿。第二，房屋外墙刷以白色、绛红色、黑色三种颜色，这三种颜色分别代表着天上、地上、地下，每一种颜色都是进献给一种神灵的[①]；此外还会用白色颜料在墙体上涂刷日、月、牛角、山峰等图案，这些图案都是嘉绒先民的原始崇拜物，体现其"万物有灵"的原始崇拜观念。第三，民居的正面或侧面的向阳处常有挑出在外的木廊，用来晾晒粮草，既通风采光又能避雨。第四，民居各层的四角都有用石头垒砌而成的月牙形白色翘角，喻示对四方神灵的

雪景中的嘉绒民居（泽里摄影）

崇敬，其后还有专门为风马旗预留的插孔，最顶层的平台上插有经幡。第五，民居晒台出檐很宽，一般没有女儿墙。这些外貌上的直观特征可以让人很容易地将传统的嘉绒民居和其他藏民居区别开来。

---

① 关雪峰. 浅谈嘉绒藏族古碉建筑——丹巴县中路、梭坡碉楼民居 [J]. 住区，2012(4):136–139.

古老的丹巴嘉绒民居（泽里摄影）

丹巴中路藏寨（泽里摄影）

民居的结构特色与当地的建筑建造工艺息息相关，嘉绒民居充分融入了各式民居优秀的建造技艺，并且结合当地实际需要进行了深化运用。嘉绒民居以石木结构为主，建房时工匠根据经验对地基进行挖掘，掘取表面松散的表土层直至较为坚硬的老土层，基础平整以后便开始放线砌筑[①]。建造民居和建造丹巴碉楼类似，建筑材料都来自当地天然的石块、黏土和木材，砌筑时仅在墙体内侧搭建脚手架，工匠完全凭借经验对墙体进行收分，大石头砌筑一层后用小石头填充缝隙，每叠一层石头就抹一层黏土，以此将上下两层石头浇筑在一起，当砌筑到一定高度后会对墙体找平一次，同时在找平层上加一道木筋，以增强墙体的拉结强度[②]。

嘉绒民居的建造工匠们在长期的实践过程中不断地改进建造技术，摸索出了与现代砌体框架房屋极其类似的稳定构造——圈梁。圈梁结构适用于砌体结构房屋，其实

① 关雪峰.浅谈嘉绒藏族古碉建筑——丹巴县中路、梭坡碉楼民居[J].住区，2012(4):136–139.

② 杨嘉铭，杨环.四川藏区的建筑文化[M].成都：四川民族出版社，2007.

丹巴嘉绒民居的挑窗
（泽里摄影）

质是在砌体内沿水平方向设置封闭的钢筋砼梁，以提高房屋空间刚度、增加建筑物的整体性、提高砌体的抗剪、抗拉强度，并能够防止由于地基不均匀沉降、地震或其他较大震动荷载对房屋的破坏。有学者调查后发现，嘉绒民居中部分圈梁设置在楼盖梁的下方，也有部分楼盖没有圈梁，在实际的架设过程中，木圈梁既没有沿着纵横向贯通也没有搭接长度的要求，且没有严格按照现代建造工艺要求进行闭合。

丹巴嘉绒民居以石墙和木柱承重，除了上述的圈梁结构增加了石墙的稳定度外，智慧的嘉绒人民也有一套选择和制作木构架的办法。通常木柱用杉木，椽子和木梁用柏木，这样选择树种是因为杉木为速生木，成材期短、树径大，是当地适宜用作木柱材料的首选，而柏木虽成材期慢，但质地坚硬，抗横向剪切力更强，因此更适于作为大小椽木和梁来使用。

另外，外挑的木厕所和外挑的木廊、木窗也是嘉绒民居构造中极为特别和重要的识别标志。这两种用途的挑台所采用的建造技术相同，都是楼盖结构中椽木或者木梁穿过石墙向外延伸的产物，这样的挑台结构承受载荷的能力较差，伸出墙外的跨度也不能过大，所以非常适宜当作厕所或用来晾晒粮草。厕所一般从二层侧面挑出墙外，只有一个厕位，其四周的下半部用木板围合，顶部盖有木质顶棚，厕所的半围合的设计兼具防风、遮雨、保护隐私的功能，也可以保持一定采光和通风，从而改善厕所内的环境。挑厕的下面留有粪坑，外设的挑厕既不影响屋内空气，也便于使用农家肥，设计非常巧妙。晾晒粮草的木廊通常位于经堂下面一层的向阳处，挑出的范围较大，木栏上可以堆放玉米棒，木廊的地上则堆放脱粒后的青稞麦秆。挑廊这种功能与晒台十分相似的结构兼顾通风和采光，还能遮风避雨，避免了粮草在晒台晾晒时需要"日铺雨收"的麻烦。

嘉绒民居一般修建3至5层，底层设牲畜圈，当地人称作"黑圈"，牲畜圈的出入口和人行出入口分设；其上一层为厨房、厢房、锅庄房、杂物间以及向外挑出的厕所；第三层为主人居室和粮仓；第四层（若有）则主要为客房和储藏间以及外挑的晾晒木廊；最顶层中央的小碉房一定都是经堂所在之处。

丹巴梭坡的古碉和民居（泽里摄影）

　　提起丹巴嘉绒民居就不得不提碉楼，从前嘉绒地区部落纷争、战事不断，例如清朝乾隆年间的大小金川之役就发生在丹巴附近的嘉绒地区，战事旷日持久有史为证。为此，嘉绒藏族一直都有建造碉楼进行防御的历史，一旦村寨有入侵者冒犯，村民就会躲进民居周围的碉楼并进入战备状态，待敌人进入碉楼的射击范围后即刻发起自卫攻击。因此，自古以来嘉绒地区的碉楼和民居是密不可分的，有民居的地方必定有碉楼。新中国成立后嘉绒地区进入和平时代，碉楼就渐渐失去了原来的作用，很多碉楼因为年久失修而倒塌，目前丹巴县境内仅存高碉 600 余座。丹巴的碉楼形式多样，有四角、五角、六角、八角、十二角、十三角之分，但以四角碉楼为主。碉楼的形状如佛塔，下宽上窄，收分明显，从几层到十几层不等，高度也从 20 米至 50 米不等，正因为有如此多姿多彩的高碉存在，丹巴因此得名"千碉之国"①。

---

① 　牟子．丹巴高碉文化 [J]．康定民族师范高等专科学校学报：人文社科版，2002, 11(3).

**道孚县城特色牌坊**

### （三）道孚县崩空民居

在丰富多彩的四川藏区民居中，有一类民居无论是从建筑抗震性能来讲，还是在民居装饰方面，都代表藏民居的顶尖水平，蜚声在外，这就是藏式民居的一大瑰宝和典范——道孚县崩空民居。

道孚县森林资源丰富，占全县总面积的23.1%，树种以云杉和冷杉为主，杉树的树干纹理直，结构细致，材质轻柔，耐腐防蛀，广泛用于建筑、桥梁、造船、家具等方面。道孚县境内丰富而优质的建筑木材为道孚民居井干式木结构的普及和发展创造了先决条件。一般体量的道孚民居每层有16—30空，而体量最大的每层能有42空左右，总建筑面积可达2000平方米。道孚崩空民居最为外界称道的莫过于"崩空"结构以

及精美的彩绘。（"空"为藏族计量房屋空间的度量单位，4根相邻立柱之间的方形空间记为1空）

"井干式结构"在建筑学上指的是将圆木粗加工后嵌接成长方形的框，然后逐层制成墙体，最后在其上面制作方形屋顶的建筑形式。"井干式结构"在藏区被称作"崩空"，也译作"崩科"或者"棒科"。藏语中"崩"是"木头架起来的意思"，"空"就是"房子"，"崩空"实际就是指用木头架起来的房子。崩空的建造有4个步骤。第一步搭建建筑的基础木构架结构。第二步制作"崩勒"。将优选过的圆木从中间劈开，形成两个半圆柱体形的半圆木，这种半圆木被当地人称为"崩勒"，工匠要把劈开的切割面刨平整。第三步制作"崩空"的木墙面。木墙面的制作方式有两种，第一种是在半圆木的端口和柱子上开槽，以榫卯连接的形式把这些半圆木以横向水平摆放后

建设中的道孚县崩空民居及其结构

道孚民居的"崩空"结构

道孚民居的木穿枋

竖向堆叠的形式嵌入两柱之间形成木墙；另一种则是将两根相互垂直的半圆木直接交搭，榫卯交扣形成墙体。无论以哪种形式搭建，半圆木均需凸面朝外平面朝内。最后一步便是在搭建好的木墙面上适当的位置挖洞做门窗。由此一来，每一处四面用木墙围合的箱形空间就称作一个"崩空"。

　　崩空民居的木料使用量很大，道孚民居采用这种结构的建筑一方面是因为当地森林资源丰富，便于获得建房用的木料；另一方面，道孚县地处"鲜水河断裂带"，地壳活动强烈，地震灾害频发，而木结构建筑防震减灾的优势十分突出，因此道孚地区的民居流行崩空式木结构。自古以来道孚的经济社会受地震影响很大，在与大自然长期抗争的过程中，智慧的道孚人民充分吸收内地传统木结构建筑的

精髓，引入穿斗式木构架，并且还在民居建筑中
灵活使用叠梁和通柱结构，这一系列建造技术方
面的改进极大地提高了道孚崩空式民居的抗震性
能。崩空民居的木作部分结构稳定，其制作过程
是在排布好各个木柱之间的关系后，用穿枋将相
邻两根木柱串联起来，然后在穿枋之上且与之水
平垂直的方向架设檩条，最后依此方式于檩条之
上密铺椽木，椽木支撑楼板。竖立柱子是最紧张
繁忙的时刻，不仅需要很多人同时从各个方向拉
住巨大的柱子以保证预先凿好的榫卯能够准确地
对接在一起，而且必要的时候还需要用拖拉机或
汽车提供动力来将柱子牢牢地拉拢，柱子合拢后，
还需要将榫卯对接部分进一步调校端正，至此道
孚崩空民居的基本承重结构才算完成。

工匠正在处理木材

道孚民居建房现场

在木构架的细节上，许多道孚工匠匠心独运地把穿枋做成双层，相叠的穿枋之间贯插暗栓，顶层屋顶下方的穿枋有的多达4层，既作围合，也作装饰。近年来道孚民居在建造过程中越来越重视木框架的用料，不仅各个木作构件的用料尺寸在不断增大，其形制也更加统一，进一步提升了道孚崩空民居的整体抗震性能。

道孚县的崩空建筑并不全是木结构，许多民居建筑底层围护结构墙体采用夯土墙或者砌石墙进行填充，更有甚者为了获得更好的防潮性能，亦或为了对有坡度的修建场地进行找平，也会先在民居建筑的最底部平铺一层高度不等的砌石基底。一般而言，道孚崩空民居修建二至三层，二层及以上完全按照崩空建筑的格局进行修建，唯单层民居才更多地使用全木崩空形式，例如位于道孚县甲宗乡的银克村即有这种全木崩空的单层民居建筑。

道孚县崩空民居的外部结构特色通常可以从以下四个方面来概括：外观颜色、木构架外端形态、屋角碉楼以及屋顶构造。

道孚崩空藏式民居外观以白色和绛红色为主，石墙或者土墙的外部刷白灰，木质构件刷绛红色漆，间或在橡木外檐口之间饰以黑色的装饰纹。这种冷暖搭配的色调反差带来了很强的视觉冲击感，使得道孚民居给人过目难忘的印象。

民居外部从二楼开始皆为木质崩空结构，梁、枋、木椽、半圆木伸出外立面的横切面都涂上了白灰，宽大的"品"字滴水檐的外部特征十分明显。其中叠梁的外

道孚村落入口

切面多进行过雕刻，雕刻的形态被当地人形象地称作"猪下巴"，挑出的橡木当地人称作"巴苏"。民居外部的窗也很有特色，既有双扇平推式木窗，也有汉式传统的支摘窗，比起其他地区的藏民居，多数道孚民居通常还在底层门窗上装有门套或窗套，为了更加美观协调，通常装有门套的装饰线条会从门的上端水平延伸开去。

两层及两层以上的道孚民居，其二层露台的外墙角处，一般都建有一个形似碉楼的建筑，这便是道孚民居的厕所。厕所仅在二层设厕位，底层为粪坑，并在碉楼外侧的底部开有一个洞门，方便清理粪坑内的污物。

道孚传统民居大多为平屋顶。屋顶上覆盖一层厚约50厘米的黏土层，这一层黏土拍得很紧实，以防雨季渗水；黏土层的表面有一定坡度，并于低洼处开排水口。在屋顶还能见到一块面积约1平方米见方，高于屋顶之上半米左右的结构，其顶部封口，四面用木条作支撑，这便是一扇通风窗，兼顾通风、采光、排油烟的作用，楼下的厨房就位于通风窗的正下方。这种传统的平屋顶虽然在过去的工业技术水平层面上已经算是杰作，但也有很多弊端，比如过厚的土层增加了楼顶的负荷，一定程度上降低了楼顶的强度，尤其是在青藏高原大雪纷飞的冬天，积雪厚度可达几十厘米，若不及时清扫，平顶的积雪有压塌楼板的危险。道孚县过去也有用木板做坡顶的民居，这样做不仅便于排水，还能很好地防雪，但却无法避免木屋顶遇水腐朽的问题，木板需要经常进行更换，因此当地新建或改造的民居流行使用彩钢板等新型材料来做坡顶。

道孚民居内部的功能布局与屋主的生产和生活方式息息相关，倘若屋主以放牧为生，民居底层便设为畜圈，甚至在民居院内另外搭建牛棚，或者专门开辟圈起来的露天畜圈；倘若屋主的家庭收入来源以农业生产为主，那么民居建设时就会更多地预留晾晒间与露台空间。在以劳动生产

民居的通风窗

形似碉楼的道孚厕所

方式为主导的民居功能布局格局下，道孚县城所在地——鲜水镇，由于经济主体已经从传统的农牧生产经济转换为商品经济，因此农牧生产方式的民居功能需求便被弱化，而以服务业为主导的民居功能需求正逐渐加强，并出现了以旅游业、住宿业为发展导向的趋势，这里的道孚民居一层多被改造成房间或厨房，也常被设置成咖啡吧、酒吧等接待型功能区。

错落有致的道孚崩空民居

位于鲜水河畔的道孚县城——鲜水镇

除以上特色外，道孚崩空民居最让人称道的一点莫过于民居内部的华丽装潢了。崩空民居的内部装饰手法同时吸纳了藏区寺庙装饰的精致华丽和汉族木雕刻的高超技艺，体现了绘画与雕塑艺术的完美结合。

在藏族传统观念中，房屋和服饰是财富和地位的象征，道孚地区这种观念尤为突出，当地老百姓对民居建造和装修的要求到了近乎苛刻的程度。抗震性、实用性、装饰性无不在道孚崩空民居中得到了完美的体现，纵观道孚崩空民居的整个修建过程，耗费财力最大、工时最长、精力最多的就是内部装饰。

民居内，一大批最具道孚民居装饰艺术特色的梁柱、木枋、檩条、门扇、隔墙、天花板等，凡目光可及之处，全都进行了细致入微的装饰，从木雕的工艺来说有浮雕、镂雕和透雕三种技法；从绘画的角度看，画作都是由民间极具天赋的画师潜心创作的，全部工笔精绘，用色大胆，明快且鲜艳；从色彩上看，冷暖色调搭配合理，且以红色和金色为主。道孚民居内的这些木雕和绘画都以寓意吉祥的纹饰、神兽珍禽、人物传说、鸟兽虫鱼、珍奇花卉等为题材。立柱上雕刻的盘龙，隔断处的寿星、蟠桃、仙鹤等吉祥图案共同组成了祥和的传统画卷。要论道孚民居的内部装饰，当数经堂处最美，地面铺着高档地毯，壁柜里供奉着金佛，各色的唐卡和法器琳琅满目，一派金碧辉煌，让人目不暇接。

雕梁画栋的大梁

道孚崩空民居华丽的室内装饰

道孚崩空民居奢华的室内装潢

九龙县呷尔镇华丘村（高秀清摄影）

### （四）九龙县（吕汝、尔苏等）小族群民居

"尔苏藏族"（包括吕汝、尔苏等）是对"藏彝走廊"中一个有自己母语的藏族支系的称呼，尔苏藏族作为藏族的一个分支，较广泛地分布于四川境内的 7 个县域中，即凉山彝族自治州的甘洛、越西、冕宁、木里县；雅安市的石棉和汉源县；甘孜州的九龙县。四川省民族研究所研究员李星星在《藏彝走廊的尔苏文化圈》[①]一文中指出，按照尔苏藏族的居住地域和方言差别，可将其方言分为三个支系，其一是自称吕汝或鲁汝的尔苏西部方言者，多分布于甘孜州九龙县的呷尔河一带以及呷尔河支流斜卡河一线等；其二是操东部方言者，自称鲁苏、尔苏或者布尔子，主要分布在石棉县大渡河支流松林河谷一带，以及汉源、越西、甘洛沿古零关道一线；其三类自称多

须或多续，操东部方言，主要分布在冕宁县东部。

九龙县呷尔镇以及子耳乡一带分布着吕汝和尔苏藏族族群，在建筑文化上，这些小族群的传统民居多为 3 至 4 层，且均以木筋石墙作为围护结构，房顶盖有悬山小青瓦坡顶。民居的一层作为储藏室和牲畜圈；二层为主人的主要生活活动空间，设客厅、卧室，客厅内一般设有火塘，兼有厨房功能，或者在二层专设一间厨房，也常有民居把厨房外迁，在院内另建厨房。吕汝、尔苏族群十分善于利用坡顶与顶层楼盖之间的空间堆放粮食，并且神位一般也在这一层，传统吕汝、尔苏民居会在顶层坡顶的南侧山墙上开一窗口，作为神位，供奉白石神、白鸡公毛、青杠枝丫等，俗称"天门"[②]，此外山墙上的开口还能够起到很好的通风和采光作用，利于尚未完全晒干的粮食缓慢风干储存。

① 李星星. 藏彝走廊的尔苏文化圈 [J]. 西南民族大学学报：人文社科版，2008(4):57-61.

② 唐佳. 尔苏藏族宗教文化研究 [D]. 西南民族大学，2010.

## （五）道孚县扎坝民居

　　"扎坝"是道孚县的一个行政区，地处道孚县最南端，距县城71公里，下辖红顶、仲尼、亚卓、扎拖、下拖5乡，约900户，6000余人，而"扎坝"作为一个地域概念，指的是道孚、雅江两县结合部、鲜水河大峡谷沿岸扎坝人生活的地方，这一区域实际上就是现在道孚县的扎坝地区和雅江县的瓦多乡、木绒乡一带。"扎坝"作为一个族群的名称，属于康巴藏族的一个重要支系，主要生活在道孚县的仲尼乡至扎拖乡一带，历史上这一地区被统称为扎坝。扎坝人至今延续着走婚的习俗，属于母系制社会，每个家庭中由母亲当家，舅舅掌权，共同抚养女儿所生的孩子。扎坝男子成年后会去寻找"呷依"，"呷依"即指有"性往来"的人，相当于现在"情人"一词的意思。找"呷依"的过程是建立在两情相悦的基础之上的，一般以男性抢到女性的手帕为暗示，若女性不拒绝，则视为愿意和该男子相好，之后男子会按照风俗在第一次来到女方家的时候以爬墙翻窗的方式进入闺房，成功以后便算是经受住了考验，也就获得了女方家庭的默许，两

扎坝走婚习俗（何行铭摄影）

仲尼乡莫洛寨（何行铭摄影）

民居与山色浑然一体

巴里村内扩建的民居群
（何行铭摄影）

个有情人从此过上了暮聚朝离的生活。扎坝人有自己独特的语言,且与外界不相通,信仰苯教、黄教,也有许多地方性的原始崇拜,他们会在碉房房顶四角码放白石,并插上白色的风马旗,或在门板上绘上日月图案,在碉房的外墙上刷上蓝白相间的竖向条纹。这些独特的民风民俗给扎坝蒙上了一层神秘的面纱,近年来持续吸引着外界的目光①。

扎坝民居很有特色,建在鲜水河大峡谷两岸的缓坡上,沿海拔垂直分布较广,有的低至鲜水河河床两岸较高处,有的则耸立在与鲜水河垂直高差达数百米的山

———————————

① 林俊华.扎坝"走婚部落"的历史与文化[J].康定民族师范高等专科学校学报:人文社科版,2006,15(4).

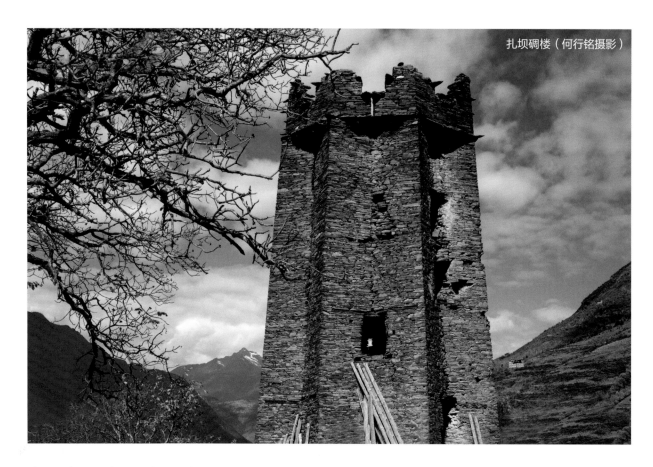

坡上，或三五幢聚居或几十户成片，有的民居与家碉相连，有的则在紧靠外墙的立面再扩建一栋建筑体，从而有效地扩大整栋民居的建筑面积，这种扩建民居的现象在扎坝较为常见。虽然扎坝传统民居的结构极为相似，但是民居扩建的建筑体则功能各有不同，布局安排彰显屋主个性。此外，尽管近些年修建的扎坝民居体量较以前大了很多，但建筑格局却和老式民居几乎相同。

扎坝的村寨建筑由碉楼和碉房组成，扎坝的碉楼有四角碉、八角碉及十三角碉，四角碉多与房屋相连，八角碉和十三角碉多为独立建筑，多用于御敌或区分地界。碉房明显区别于道孚县的崩空民居，

牦牛头骨装饰
（杜娟摄影）

一般为 4 层或 5 层，高约 20 米，外墙全部使用块石砌筑，内部架设梁柱，墙、梁柱共同支撑整栋民居的全部载荷。民居底层层高较高，不开窗但留有通风孔。除最顶层外，各层楼道位于同一侧并带有储藏室，民居扩建建筑一般都沿楼道那一侧修建，并且扩建的建筑体每一层与原建筑体对应层相接，新老建筑在同一处开墙设门以便共用原建筑的楼道，设计十分巧妙。与楼梯相对的另一侧为客厅和卧室，客厅与卧室一侧均开窗，一般位于民居二层。客厅内设火塘，并沿墙摆放藏床。紧邻客厅有一间独立卧室，供家里的适龄女性居住，相当于汉族的"闺房"。扎坝民居的经堂设在晒台的旁边，通常在第三层或者第四层，经堂内摆放有藏床，仅允许男性入内，也用于接待男性客人和僧侣。民居最顶两层逐层退收，留

出晒台和晾晒间，用于晾晒和储存粮食，晒台出檐很宽，没有女儿墙，一来增加了晾晒平台的面积，二来出檐的结构为其下各层的窗户挡雨，增强了建筑的防雨性能。很多扎坝民居房即是碉，碉与房合二为一，是不折不扣的碉带房建筑。

扎坝地区自古以来交通相对闭塞，所以至今仍然保存着许多传统的当地文化元素，比如制作和使用黑陶器便是其中一例。现在的扎坝民居内都还随处可见各式的黑陶器皿。扎坝地区的饮食文化也很有特色，扎坝民居厨房的房梁下常常悬挂"臭猪肉"，这是当地人的特色美食。臭猪肉闻着臭但吃起来很香，当地还保留着谁家臭猪肉挂得多谁家就更富有的传统思想，因此当地民众一直都将臭猪肉视作款待上宾的佳品。

目前，位于扎坝地区下游的雅江县正在建设

扎坝臭猪肉
（何行铭摄影）

扎坝黑陶
（何行铭摄影）

我国藏区综合规模最大的两河口水电站，该电站预计在 2018 年封库蓄水，届时由于扎坝地区属于两河口电站的淹没区，许多距鲜水河河床较近的民居将被淹没，有道孚当地学者据此称扎坝民居为"将要消失的碉房"，因此现阶段挖掘整理扎坝建筑文化的时间紧迫，意义重大。

### （六）康定县鱼通民居

在今甘孜州康定县鱼通区境内的大渡河沿岸，生活着一群自称鱼通人的藏族族群，"鱼通"既是地名，也是族群名称，有关其来源学术界尚未有定论，一说是鱼通西部雅安市一带的青衣羌随着鱼通土司迁入鱼通，与当地藏族交融而形成，另一说是鱼通人是在秦汉时期从黄河流域南下的古羌人。鱼通地区所处地理位置特殊，正处在康定县东部边缘，北接丹巴县嘉绒藏族地区，东连雅安市汉族地区，因此在鱼通民居建筑上能找到嘉绒民居、汉族民居以及木雅民居的影子，特色十分鲜明。

鱼通区的麦崩乡是鱼通民居最为集中和典型的区域，该乡地处大渡河畔的高半山上，这里地势陡峭，翠峰连绵，山涧溪水潺潺，是一处美丽的世外桃源。鱼通人的生产方式属于半农半牧，以务农为主。鱼通民居均顺着等高线横向建在山谷地带，传统民居一般分为五层：底层、一层、二层、三层以

传统的鱼通民居

康定县鱼通区麦崩乡厂马村民居建筑

及顶部晾晒间。鱼通人善于充分利用陡峭的地势，将民居底层设为牲畜圈，其上一层供人出入，民居的布局常根据地势高低差异将人畜空间很自然地分隔开来，这样做不仅利于分割空间，还能大大减少开挖的土方量，可谓一举两得。入户一层设厨房、客厅、火塘、厕所和储物间。二层为卧室与客房。三层设有经堂，供奉神灵，另设敞开的晒台，用于晾晒粮食；晒台靠楼梯口的一侧架设穿斗结构的晾晒间，晾晒间一般有两层，其三面用木板围合，上面封顶，正面敞开，以便在下雨前后收纳和取出未晒干的粮食。传统的鱼通民居常在外墙的左右侧架设挑厕或挑廊，这种结构和邻近的嘉绒藏族地区做法相似。鱼通民居村落建设依山就势，错落有致，小青瓦的坡屋顶出檐很宽，类似川西民居的悬山坡顶，民居三五成群地分布在溪流周围的坡地上，远远望去，若不是周围耸立的座座山峰，很难让人相信这里竟然是藏族村落而非一般的川西民居聚落。平整厚重的砌石墙，白色的窗套，藏式的窗楣装饰、内部装潢，都昭示着鱼通民居属于藏式民居的本质。

晨曦中的康东村寨

摄影：刘津语

地点：九龙县汤古乡伍须村

# 第二章 康东地区典型村落

如果把单座民居比作一颗棋子，那么村寨聚落便是由多个棋子组成的一张棋盘，民居村寨不仅反映出单座民居的外貌，同时也将多座民居的全貌宏观地展示出来，客观反映出民居与民居之间的关系，民居与大环境的关系等重要信息，因此为了更好地展现甘孜州康东民居丰富的内涵，本章选取具有代表性的多座康东典型村寨聚落进行介绍。

# 第一节　康定县民居村落

## 一、康定县鱼通区麦崩乡厂马村

　　麦崩乡厂马村，位于省道 S211 线，康定县至丹巴县路段沿大渡河岸的东侧高山上，南距康定县鱼通区政府所在地姑咱镇 15 公里，北距丹巴县县府驻地章谷镇约 85 公里，东与泸定县和雅安市的天全县、宝兴县一带相接。厂马村地势陡峭，植被茂密，深处鱼通地区腹地。

麦崩乡厂马村一隅

夕阳下的鱼通民居

鱼通民居建筑

　　厂马村的鱼通民居特色鲜明，不仅有汉式的人字坡顶，还有藏式的厚重石墙和装饰，挑廊外侧装饰盘长节的纹饰，外墙绘有十字花瓣图案，建筑外墙棱角处常涂以白色漆，这些特征让厂马村的鱼通民居区分度很高。

　　民居零散地分布在风光秀丽的山谷之中，山间流水潺潺，绿树成荫，重峦叠嶂，耸入云端，高原特有的光影效果投射在这片风光旖旎的大地上，使耸立其中的一栋栋民居显得如梦如幻，甚是瑰丽。

　　自驾路线推荐：根据 2016 年道路交通情况，由四川省会成都市出发，可经成雅高速到雅安市转雅攀高速至石棉县，从石棉县转省道 S211 穿过康定县姑咱镇后右转至大渡河东侧，前行约 15 公里至野坝村对岸，右转上山走 10 公里山路便可到达，总里程约 400 公里。

## 二、康定县甲根坝乡提吾村

甲根坝乡提吾村具有典型木雅地区的气候特征、自然风光、文化和生产方式，是木雅地区自然和人文的一个缩影。提吾村位于溜溜名城康定西南方，距离县城96公里，并处在甲根坝乡和朋布西乡交界处，立启河东岸，平均海拔3360米。提吾村土地开阔而平整，紧靠立启河，灌溉十分方便。省道S215线穿村而过，公路通到每一户人家的门口，交通尤其便利。提吾村良好的交通和自然条件给村民创造了较好的物质财富，正因如此，村内民居的修建质量都很高。康定在"全域资源、全域规划、全域打造、全民参与"理念的指导下，着力培育包括提吾村在内的"三大特色旅游村寨"，提吾村未来的发展空间将更加广阔。

自驾路线推荐：根据2016年道路交通情况，由四川省会成都市出发，可经雅安市、石棉县、泸定县到达康定县，从康定县经国道G318线到新都桥镇瓦泽村，下转省道S215线往九龙县方向前行约27公里即可到达，总里程约500公里。

甲根坝乡提吾村

穿村而过的县道

## 三、康定县朋布西乡日头村

朋布西乡日头村地处康定县折多河以西、离县城96公里的力丘河畔，全村分为上日头村和下日头村两个自然村落，共有45户人家，241人。有耕地面积31.34亩，各类牲畜存栏793头。在日头村辖区内有保存比较完好的千年古碉——朋布西双碉。日头村民风淳朴，木雅文化底蕴深厚，并且有很强的发展旅游业热情，早在2013年日头村就已经向康定县新农办申请将该村纳入康定县旅游民居接待建设计划中，力求把日头村打造为藏区民居接待示范点。

自驾路线推荐：根据2016年道路交通情况，由四川省会成都市出发，可经雅安市、石棉县、泸定县到达康定县，从康定县经国道G318线到新都桥镇瓦泽村，下转省道S215线往九龙县方向前行约30公里即可到达，总里程约500公里。

朋布西乡上日头村的民居建筑聚落

上日头村村内景色

朋布西双碉

# 第二节　道孚县民居村落

## 一、道孚县鲜水镇崩空民居聚落

　　鲜水镇为道孚县人民政府驻地,位于县境东部,地势开阔平坦。鲜水镇东邻格西乡,南接瓦日区瓦日乡,西依麻孜乡,北靠玉科区七美乡,镇内商贾云集,经济繁荣,是道孚县的经济文化中心。截至 2005 年全镇共有 3203 户 7810 人,镇域面积为 84 平方公里,东西地跨约 9 公里,南北地跨约 10 公里,属尼措山原河谷区地貌。地表海拔 2900～3400 米,相对高差 500 米左右,为山原宽谷串珠状盆地地带,河流两岸呈洪冲积扇阶地、台地。山体土层较厚,山顶浑圆,谷肩与高原面坡度平缓(《道孚县志》P166)。

　　自驾路线推荐:根据 2016 年道路交通情况,由四川省会成都市出发,可经雅安市、石棉县、泸定县到达康定县,从康定县经国道 G318 线到新都桥镇,后转省道 S215 线北上,穿过道孚县八美镇后到达鲜水镇,总里程约 620 公里。

道孚县鲜水镇民居建筑

## 二、道孚县甲宗乡银克村

甲宗乡位于道孚县西北部，距离县城鲜水镇64公里，有道玉公路相通，属于玉科山原高山区，境内大雪山脉从东北延伸入境，其支脉横亘全境，多数地带海拔在3690米以上，全乡沿袭游牧生产和生活方式，草地面积为9.5万亩，森林面积为3.9万亩。甲宗乡下辖银克村和兴岛科村两个行政村（《道孚县志》P181），如今两个村的村镇已然完全连接在一起，为方便表述，这里统称为银克村。

银克村为乡政府所在地，有120余户人家，森林资源丰富，属于俄日河上游水系的两条小河分别从东西两侧贯穿全村，形成了四面环山临水的美丽景色。村东头有缓丘草地，远处树林茂盛，山峦交叠，风光尤胜阿尔卑斯山脉，置身其中，似入秘境。村内的崩空民居有单

道孚县甲宗乡
银克村全貌

单层全木崩空
民居院落

层和双层之分，前者多建在东面靠近缓丘一带，后者则分布于村子西侧。

村里清一色的红瓦歇山顶很是醒目，民居的山墙部位常绘以日月图案，并且刷上蓝色漆。与道孚县城民居不同，银克村民居的石质外墙不上色，也很少饰以门窗套，建筑体量相对更小，整体风格显得较为简洁、质朴。村内街道呈"井"字形排列，民居朝向一律按照街道布局的需要面街背巷，临主要街道的民居户户紧挨且大都开设商铺，其余街道两边尽是单家独院。随着近年来道孚县旅游宣传力度的不断增强，村内部分民居已开始了简单的旅游接待服务。银克村属于牧业村，大部分村民的主要经济来源仍靠放牧。

自驾路线推荐：根据2016年道路交通情况，由四川省会成都市出发，可经雅安市、石棉县、泸定县到达康定县，从康定县经国道G318线到新都桥镇，后转省道S215线北上穿过道孚县八美镇后到达鲜水镇，此后沿县道X179线北行70公里左右便可到达甲宗乡银克村，总里程约690公里。

道孚县甲宗乡银克村崩空民居

### 三、道孚县下拖乡下瓦然村

下拖乡位于扎坝区西南腹地，东与亚卓乡为邻，南与雅江县连界，西与新龙县接壤，北靠扎拖乡，乡政府驻地上瓦然村，海拔2990米，距道孚县城73公里。全乡面积147平方公里，耕地面积1558亩，森林面积79万亩，草地面积12.2万亩。辖7个行政村，即：麦里、荣须荣恩、佐古、脱比、上瓦然、下瓦然、一吾村。下瓦然村则位于下拖乡中部，鲜水河西岸的半坡台地上，地势西高东低。勤劳的下瓦然村村民将这片坡地耕耘成逐级向上的梯田，三十余栋扎坝民居散落在这片背山面河的台地之上，民居建筑一律朝向鲜水河，视野开阔，建筑与高山浑然一体，恍若仙境。

自驾路线推荐：根据2016年道路交通情况，由四川省会成都市出发，可经雅安市、石棉县、泸定县到达康定县，从康定县经国道G318线到新都桥镇，后转省道S215线北上穿过道孚县八美镇后到达鲜水镇，从鲜水镇出发沿鲜水河往南前行约75公里即可到达下拖乡下瓦然村，这条公路最早为林业伐木而建，路很难走，总里程约700公里。

下拖乡下瓦然村（何行铭摄影）

# 第三节　九龙县民居村落

## 一、九龙县呷尔镇华丘村

　　九龙县华丘村是吕汝藏族的聚居地之一，坐落在风景秀丽的措母扯山坳里，村落北距九龙县城所在地呷尔镇仅 7 公里的距离，与省道 S215 线公路相通，属于呷尔河西岸的宽谷地带。该村共有 488 户，1982 人。2012 年启动通村连户路建设，水泥路修到家家户户门口，整个华丘村的道路交通条件都得到了极大的改善，华丘村优越的自然、区位、交通条件为进一步发展奠定了良好的基础。该村的民房建筑具有吕汝民居的典型性，同时也融合了现代民居建筑的诸多元素，华丘村民居建筑作为吕汝藏族新型民居的典型代表，兼具古朴、现代、实用等特性。

　　自驾路线推荐：根据 2016 年道路交通情况，由四川省会成都市出发，可经雅安市、石棉县、泸定县到达康定县，从康定县经国道 G318 线到新都桥镇瓦泽村，下转省道 S215 线往九龙县方向前行约 160 公里即可到达，总里程约 650 公里。

华丘村吕汝民居聚落
（高秀清摄影）

## 二、九龙县子耳乡万年村

万年村位于九龙县最南端的子耳彝族乡，也是康东地区的最南端，毗邻凉山州木里藏族自治县、冕宁县，全村1428人，326户，有藏、汉、彝族杂居，但以尔苏藏族为主。万年村高居于雅砻江北岸高山之上，县道直通山脚，上山的路陡峭而崎岖，尔苏藏族世代生活于此，与周边的汉族、彝族交往密切，民族文化相互影响，形成了多元融合的尔苏民居建筑文化。

自驾路线推荐：根据2016年道路交通情况，由四川省会成都市出发，可经雅安市、石棉县、泸定县到达康定县，从康定县经国道G318线到新都桥镇瓦泽村，下转省道S215线，往九龙县方向前行约240公里，转专用公路Z005往木里县方向沿雅砻江继续行进30公里，最后再经20公里盘山公路即可到达，总里程约770公里。

万年村尔苏民居聚落
（高秀清摄影）

远眺万年村一隅
（高秀清摄影）

# 第四节 丹巴县民居村落

## 一、丹巴县聂呷乡甲居藏寨

甲居藏寨位于丹巴县聂呷乡大金川河西侧山麓上，距离丹巴县城章谷镇约8公里，由甲居一、二、三共三个自然村组成，共有149户。从卡帕玛群峰脚下到大金川河谷，这片相对高差近千米、面积约5平方公里的土地均属甲居辖域。甲居是嘉绒藏族的聚居地，下有河谷上有云峰，寨内绿树苍翠、炊烟袅袅，房前屋后尽栽果

树，每到秋天瓜果飘香。甲居藏寨民居建筑分布零散，互不遮挡，且一律朝向大金川河谷。村内道路蜿蜒，行走于此，近观田园，远眺群山，风景美不胜收。2005年在《中国国家地理》杂志组织的"中国最美的六大乡村古镇"评选活动中，以甲居藏寨为代表的"丹巴藏寨"一举夺魁，誉满天下。甲居藏寨不仅风景优美，还有丰富的人文历史，1935年6月和10月，红军两次来到丹巴，得到了丹巴各族人民的大力拥护和支持。甲居藏寨至今保存着红五军团政治部纪念馆，这是

云压丹巴甲居藏寨

大金川河谷上的嘉绒藏寨

当年红五军团政治委员李卓然同志曾经驻防和生活过的地方，纪念馆是由一座石砌四层藏式民居和一座石砌十五层碉楼构成的四合院建筑，展现了那一段峥嵘的历史岁月。

　　自驾路线推荐：根据2016年道路交通情况，由四川省会成都市出发，可经成灌高速转都汶高速至汶川县映秀镇，再经省道S303线经卧龙镇翻越巴朗山过小金县便可到达丹巴县城所在地章谷镇，之后沿省道S211线大金河谷北行约3公里后上山即可到达，总里程约310公里。

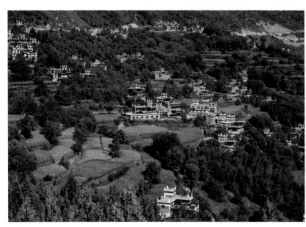
甲居藏寨建筑风貌

甲居藏寨红军政治部旧址

## 二、丹巴县梭坡乡莫洛村

莫洛村位于四川省甘孜州丹巴县梭坡乡境内，距县城 5 公里，海拔高度在 1900 ～ 2000 米之间。莫洛村三面环山，西临大渡河，地势由东北向南倾斜，系高山峡谷地貌，面积约 20 公顷。莫洛村过去一直沿袭母系氏族制社会，家中女人为大，舅舅掌权，有着"走婚"的传统习俗。梭坡乡古碉云集，170 余座古碉分布各村，莫洛村正是其中的典型代表。莫洛村的民居形体高大且雄伟，很多都依附家碉而建，家碉多与民居相通，在战时作为防御之用，平时也可用作仓库，家碉同村内的烽火碉、要隘碉共同组成一张密布在村寨内的火力网，可有效地抗击来犯者。莫洛村的民居一般高五层，一至三层逐级而上，其室内面积相等。与甲居藏寨通常每一层都有露台不同，莫洛村民居到第四层才开始退收，有宽大露台，第五层的建筑体位于四层中心转角处的正上方，仅有一个房间，作经堂之用。2005 年 11 月 12 日，由建设部、国家文物局共同评选的第二批中国历史文化名镇（村）授牌大会在江西赣州举行，莫洛村榜上有名，荣获中国历史文化名镇（村）的荣誉。

自驾路线推荐：根据 2016 年道路交通情况，由四川省会成都市出发，可经成灌高速转都汶高速至汶川县映秀镇，再经省道 S303 线经卧龙镇翻越巴朗山过小金县便可到达丹巴县城所在地章谷镇，之后沿省道 S211 线大金河谷东南前行约 3 公里后过河上山即可到达，总里程约 310 公里。

莫洛村的碉楼群

莫洛村的民居和碉楼（泽里摄影）

康东民居
摄影：刘圣渧、刘津语、
何行铭、高秀清
绘图：李章剑、杨涛

第三章
康东地区
民居图谱

# 第一节　康定县木雅民居

**第一户**

| 户主姓名 | 古让巴姆 | 所在村址 | 康定县新都桥镇瓦泽乡营官村 |
|---|---|---|---|
| 修建年代 | 2006 年 | 结构类型 | 石木结构 |
| 房屋朝向 | 坐西北朝东南 | 主体建筑面积 | 346m² |
| 民居介绍 | | | |

　　古让巴姆家位于"摄影天堂"——新都桥镇，紧靠国道 G318 线，该民居由 6 栋独立建筑组成，院落总占地面积约 3000 平方米，其中传统石木结构建筑 2 栋，其余建筑皆为旅游接待型新建建筑，建筑单体体量不大，有落地观景窗，硬件条件较好。主体建筑经过改造，共有客房 9 间，厨房 1 间，厕所 3 间，二层南面设置办公区，对外出租。院落中另有平层砌石建筑，用作餐厅。

民居建筑正面

①

②

③

①
─────
② | ③

① 院落景色

② 附属接待建筑

③ 客厅

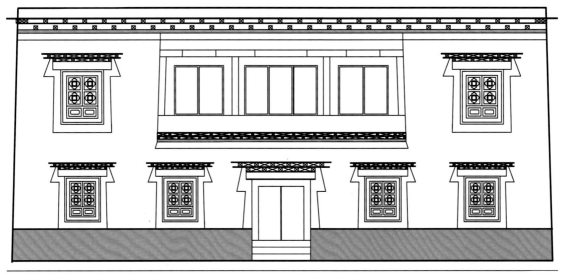

正立面图

0 1 2 m

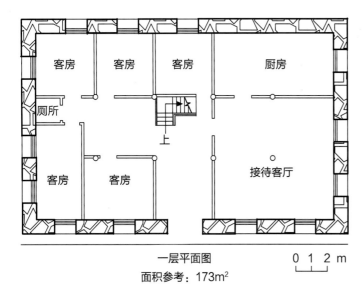

| 客房 | 客房 | 客房 | 厨房 |
| 厕所 | | | |
| 客房 | 客房 | | 接待客厅 |

上

一层平面图

0 1 2 m

面积参考：173m²

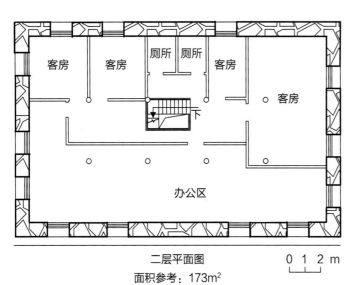

| 客房 | 客房 | 厕所 | 厕所 | 客房 |
| | | | | 客房 |

下

办公区

二层平面图

0 1 2 m

面积参考：173m²

## 第二户

| 户主姓名 | 尼玛措 | 所在村址 | 康定县新都桥镇瓦泽乡营官村 |
|---|---|---|---|
| 修建年代 | 2006 年 | 结构类型 | 石木结构 |
| 房屋朝向 | 坐西北朝东南 | 主体建筑面积 | 242m² |
| 民居介绍 | | | |

　　尼玛措家位于"摄影天堂"——新都桥镇，紧靠国道 G318 线。该民居由 3 栋独立建筑组成，院落总占地面积约 1000 平方米，全部为传统石木结构建筑，并已改造成旅游接待用房。3 栋建筑分别用作住宿、水吧、餐厅。其中客房建筑中间开设走廊，二层一侧架设楼梯，一、二层不能互通。水吧内布置有精美的藏床、藏桌，天花板用印有经文的绸缎装饰，藏式文化氛围浓厚。

住宿接待建筑

藏式水吧

民居窗饰

院落一角

院落全景

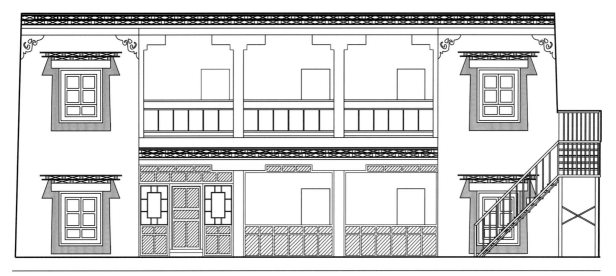

正立面图

0　1　2 m

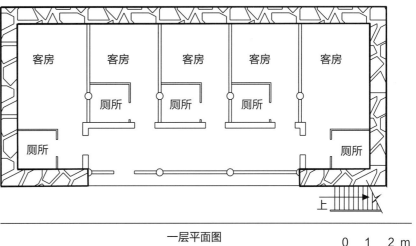

一层平面图
面积参考：121m²

0　1　2 m

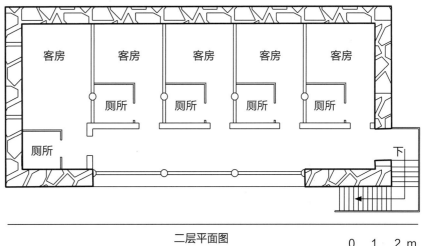

二层平面图
面积参考：121m²

0　1　2 m

## 第三户

| 户主姓名 | 韩佳（贡嘎） | 所在村址 | 康定县新都桥镇新一村 |
|---|---|---|---|
| 修建年代 | 1978 年 | 结构类型 | 石木结构 |
| 房屋朝向 | 坐西北朝东南 | 主体建筑面积 | 510m² |

| 民居介绍 |
|---|
| 　　近 10 年来，康定县新都桥镇一带的民居基本都重建过，像韩佳家这样的老式建筑已不多见。该民居建于 1978 年，距今有近 40 年历史，民居内部装修以及功能布局自建成后未做过改动，具有那一时代的建筑特色。现在家庭成员较多，主人在老屋旁修建了一排平房给腿脚不方便的老人住。进门处建有"L"形的柴房，兼顾堆柴、关牲畜、存放农用工具的作用。主体建筑高三层，底层关养牲畜，堆放柴草；二层隔出 2 间卧室，1 间客厅，厨房与客厅相通，紧挨着厨房建有粮仓；三层南侧布置经堂，经堂开窗明显大于其他窗户，三层其他空间为仓库及晾晒区。 |

院落全景

| ① | |
|---|---|
| ② | ③ |
| ④ | |
| ⑤ | |

① 主体建筑

② 客厅

③ 楼梯转角

④ 楼梯细部

⑤ 俯瞰院落

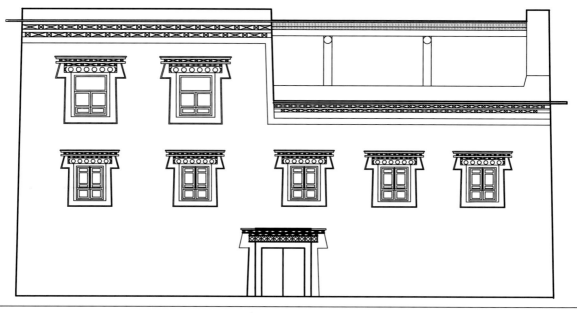

正立面图

0 1 2 m

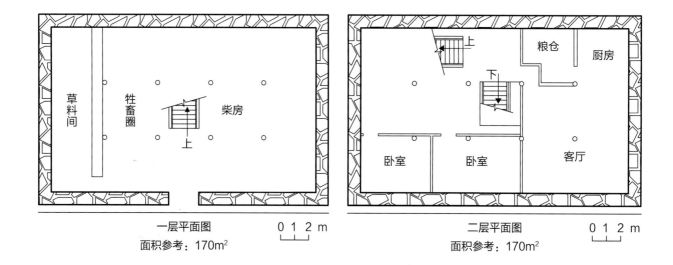

草料间

牲畜圈

柴房

上

一层平面图
面积参考：170m²

0 1 2 m

上

粮仓

厨房

下

卧室

卧室

客厅

二层平面图
面积参考：170m²

0 1 2 m

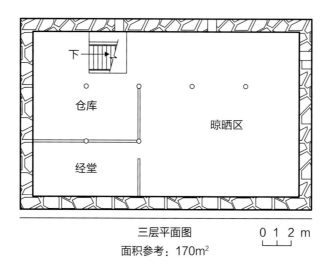

下

仓库

晾晒区

经堂

三层平面图
面积参考：170m²

0 1 2 m

## 第四户

| 户主姓名 | 益西 | 所在村址 | 康定县甲根坝乡提吾村 |
|---|---|---|---|
| 修建年代 | 1997 年 | 结构类型 | 石木结构 |
| 房屋朝向 | 坐西北朝东南 | 主体建筑面积 | 1050m² |
| 民居介绍 | | | |

益西家的民居主体建筑气势雄伟，共有三层，平面上呈"L"形，一层为杂物间和牲口圈，二层是主人的主要休息与活动空间，分设 2 间卧室、2 间客厅、1 间厨房、2 间厕所、1 个杂物间，三层为经堂、晾晒间、晒台和杂物间，晒台的四角插有风马旗。

经堂在三层的南面，三面通透，是整栋民居的最佳空间，经堂四周的窗户装饰有窗帘和窗楣帘，内部装修最为雅致。经堂之上盖着重檐歇山顶，顶部架设了一尊镀合金的"双鹿法轮"雕塑，极显富贵华丽。民居院落的东南角有一栋两层高的附属建筑，底层为停车场，二层为客房，整个院落地面全部硬化，且留有一定坡度便于排水。

民居主体建筑正面

| ① | |
|---|---|
| ② | ④ |
| ③ | |

① 重檐歇山顶

② 客厅的装修和陈设

③ 经堂

④ 精美的法器

经堂内精美的唐卡

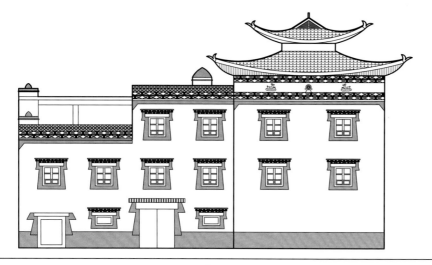

正立面图　　　　　0 1 2 m

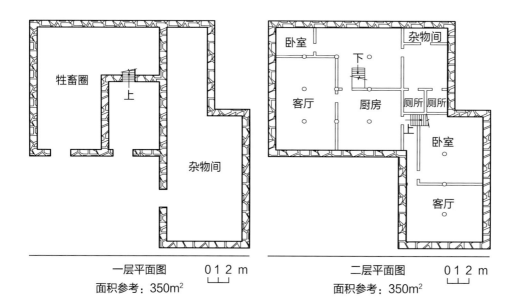

一层平面图　　　　0 1 2 m
面积参考：350m²

二层平面图　　　　0 1 2 m
面积参考：350m²

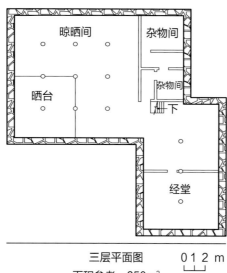

三层平面图　　　　0 1 2 m
面积参考：350m²

## 第五户

| 户主姓名 | 降泽 | 所在村址 | 康定县甲根坝乡提吾村 |
|---|---|---|---|
| 修建年代 | 2012 年 | 结构类型 | 石木结构 |
| 房屋朝向 | 坐西北朝东南 | 主体建筑面积 | 924m² |
| 民居介绍 ||||

降泽家共有三层，每层 27 空，一层西侧空间关养牲畜，南侧门则通向客厅，人畜入口分设，居住环境得到大幅提升。二层是主人的主要休息与活动空间，分设 2 间卧室、2 间客厅、1 间厨房、1 间餐厅、2 间厕所和 1 个衣帽间，整个二层装修十分华丽，墙面贴墙纸，地面贴瓷砖。三楼为晒台和晾晒间，南侧设置经堂，经堂之上覆盖重檐歇山顶。与传统民居有所不同，该民居外墙面每隔大约 30 厘米就横向砌筑一层机制薄石板，显得美观而独特，尽显工匠的审美情趣。

民居主体建筑正面

门窗的装饰

炉灶

经堂穹顶

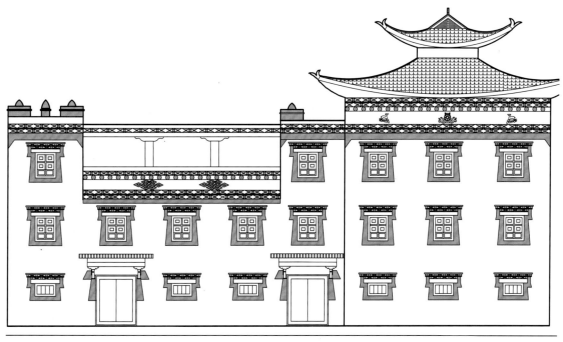

正立面图 0 1 2 m

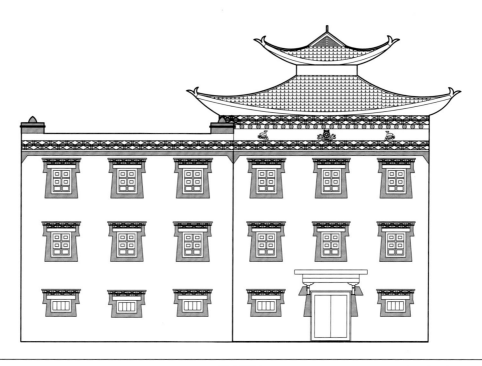

侧立面图 0 1 2 m

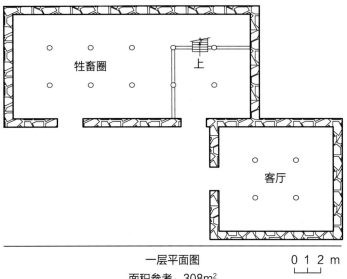

一层平面图
面积参考：308m²

0 1 2 m

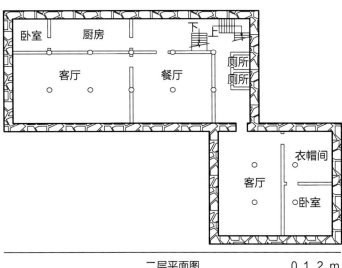

二层平面图
面积参考：308m²

0 1 2 m

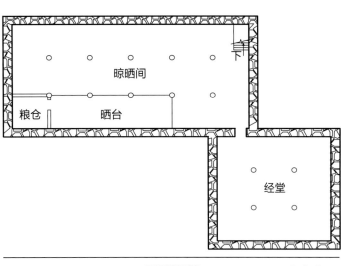

三层平面图
面积参考：308m²

0 1 2 m

## 第六户

| 户主姓名 | 西址降泽 | 所在村址 | 康定县甲根坝乡木雅村 |
|---|---|---|---|
| 修建年代 | 2004 年 | 结构类型 | 石木结构 |
| 房屋朝向 | 坐北朝南 | 主体建筑面积 | 570m² |
| 民居介绍 | | | |

西址降泽家的民居主体建筑共有三层，每层 12 空，平面呈"一"字形。一层西侧为牲畜圈，东侧设有储存室，人畜入口分设，楼梯设在储藏间内。二层空间分设 2 间卧室、2 间客厅、1 间厨房、1 间浴室、2 间厕所。三楼南侧正中间留有晒台，晒台正中的女儿墙上搁煨桑台，供主人祭神祈福。三层西面是经堂，北面东面另设 5 间客房。民居院落一侧紧靠村内公路，便于开铺做生意，这一侧沿公路共建有 9 间朝外开门的商铺，院落东侧建有 5 间供工匠居住的平房。

民居建筑正面

女儿墙上的煨桑台

院落入口

卧室的门饰

客厅

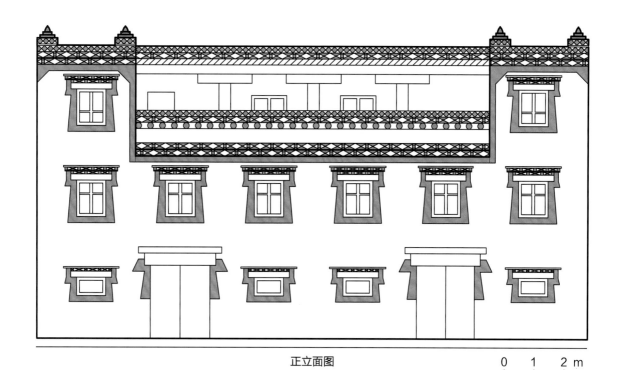

正立面图

0 1 2 m

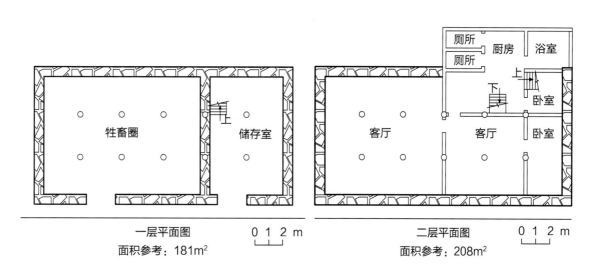

一层平面图

牲畜圈　　储存室

0 1 2 m

面积参考：181m²

二层平面图

厕所　厨房　浴室
厕所
上
客厅　客厅　卧室
卧室

0 1 2 m

面积参考：208m²

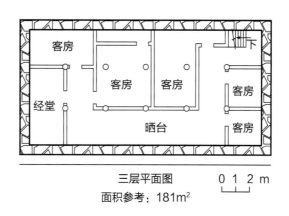

三层平面图

客房
客房　客房
客房
经堂
晒台
客房

0 1 2 m

面积参考：181m²

## 第七户

| 户主姓名 | 呷玛扎巴 | 所在村址 | 康定县甲根坝乡立泽村 |
|---|---|---|---|
| 修建年代 | 2010 年 | 结构类型 | 石木结构 |
| 房屋朝向 | 坐北朝南 | 主体建筑面积 | 723m² |
| 民居介绍 | | | |

　　呷玛扎巴家的民居主体建筑共有三层，每层 23 空，房屋顶部全部覆盖琉璃瓦坡顶，西面留有两空的露台，一来可晾晒少量粮食和衣物，二来留出摆放煨桑台的女儿墙以满足煨桑的需要。一层共分为三个功能区，西侧分隔 14 空的牲畜圈，南侧隔出 9 空的储存室，主人的生活空间入口则位于中间大门。该民居二层的东北角挑出约 18 平方米的空间，用于架设厕所和浴室，并在二层布置客厅、厨房及卧室，三层设置晾晒间和经堂。民居内的墙体、天花板、地板全部用木材包裹，完全看不出石质的外墙，原木的色彩装饰将民居内部的氛围烘托得更加温馨、舒适。

民居建筑正面

民居建筑侧面

天花板装饰

客厅

厨房

装饰精美的门

顶层的晾晒间

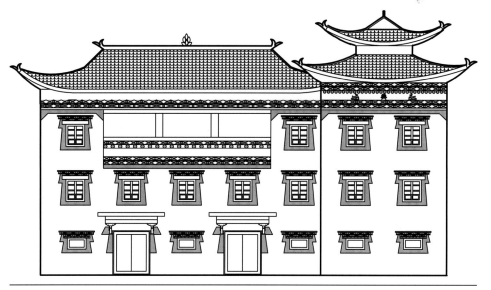

正立面图　　0 1 2 m

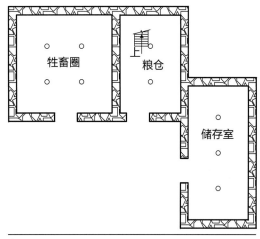

牲畜圈　　粮仓

储存室

一层平面图　　0 1 2 m
面积参考：235m²

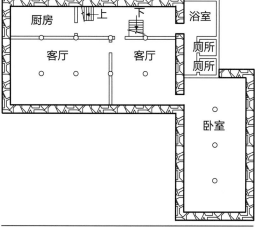

厨房　　上　　下　　浴室

客厅　　客厅　　厕所
厕所

卧室

二层平面图　　0 1 2 m
面积参考：253m²

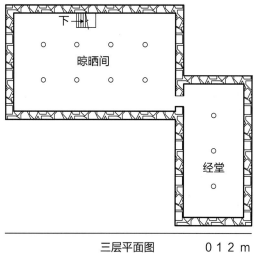

下

晾晒间

经堂

三层平面图　　0 1 2 m
面积参考：235m²

## 第八户

| 户主姓名 | 贡嘎 | 所在村址 | 康定县甲根坝乡立泽村 |
|---|---|---|---|
| 修建年代 | 2007 年 | 结构类型 | 石木结构 |
| 房屋朝向 | 坐北朝南 | 主体建筑面积 | 618m² |
| 民居介绍 | | | |

　　该民居共有三层，每层 20 空，一层北侧是牲畜圈，南侧为杂物间，人畜入口分设；二层生活空间由 1 间卧室、2 间客厅、1 间厨房、2 间厕所组成；三楼有晾晒间，并在北侧布置经堂，从民居外部来看，因经堂窗户安装有白色窗帘和黄色窗楣帘，而其他窗户无此装饰，所以很容易找到经堂所在位置。该户民居的晒台开在三层南侧的转角处，与多数木雅民居的晒台位置不同。民居一层伸缩缝以下既没有门套装饰，也不对门框做描画，可以避免装饰被雨水溅湿受潮，从而延长装饰花纹的使用寿命。

民居建筑正面

民居建筑侧面

客厅

楼顶晒台

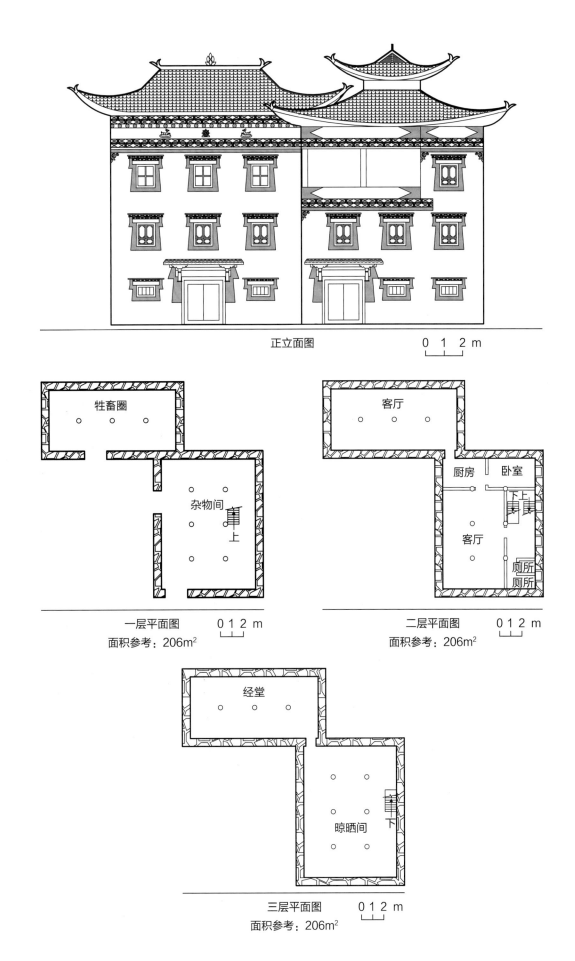

正立面图

0 1 2 m

牲畜圈

杂物间

上

一层平面图

0 1 2 m

面积参考：206m²

客厅

厨房　卧室

下上

客厅

厕所
厕所

二层平面图

0 1 2 m

面积参考：206m²

经堂

晾晒间

下

三层平面图

0 1 2 m

面积参考：206m²

## 第九户

| 户主姓名 | 本巴泽仁 | 所在村址 | 康定县朋布西乡上日头村 |
|---|---|---|---|
| 修建年代 | 2010 年 | 结构类型 | 石木结构 |
| 房屋朝向 | 坐西北朝东南 | 主体建筑面积 | 705m$^2$ |
| 民居介绍 | | | |

  该民居共有三层，每层24空，一层开小窗，共被分割成4个功能区，从西到东分别为牲畜圈、入户空间、粮仓和仓库，各个功能区之间都用隔墙隔开。从一层拾级而上，便进入二层客厅，客厅连着厨房，厨房一侧紧靠厕所，另一侧通向卧室，二层厕所旁便是通往三层的楼梯。三楼为晾晒间和经堂所在，晾晒间南侧完全开敞，没有加盖坡顶，而经堂之上盖有人字形的悬山顶。民居厕所排污情况得到较好的改善，污水均由专门的排污管道流至粪水池。民居的院落西侧建有两层全木结构的柴火房，南侧搭建全木的单层牲畜圈，东侧专为农用生产工具而建了仓库。

民居建筑正面

房屋背面

院落附属建筑

屋旁曲径

民居一角

柴火房

木制橱柜

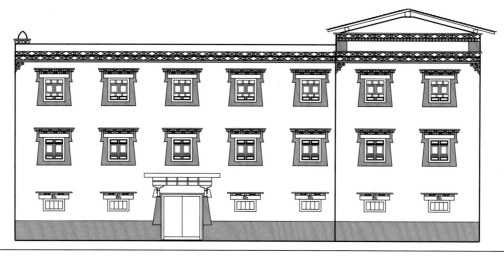

正立面图

0 1 2 m

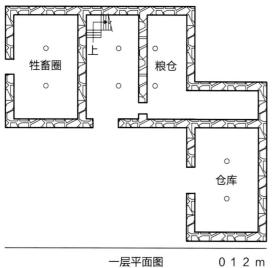

一层平面图

面积参考：235m²

0 1 2 m

二层平面图

面积参考：235m²

0 1 2 m

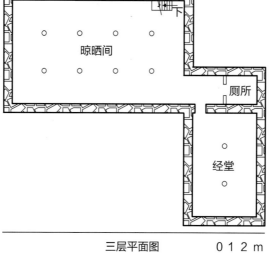

三层平面图

面积参考：235m²

0 1 2 m

## 第十户

| 户主姓名 | 朋措 | 所在村址 | 康定县朋布西乡上日头村 |
|---|---|---|---|
| 修建年代 | 1996 年 | 结构类型 | 石木结构 |
| 房屋朝向 | 坐西北朝东南 | 主体建筑面积 | 483m² |
| 民居介绍 | | | |

　　此户主体建筑共有三层，每层 16 空。一层大部分空间为牲畜圈，面积占到该层总面积的 75%。该民居人畜入口分设，牲畜圈出入口设在正对院落大门的东南侧，主人的生活空间出入口位于该民居的东北侧。二层生活空间共设置 2 间卧室、1 间客厅、1 间厨房、1 间厕所。三层有草料间、经堂和晒台。户主专门从事畜牧业，家中备有丰富的草料储备，院内建有牛棚。民居的女儿墙墙头、草料间、牛棚均用片石铺顶，有一定的坡度以便排水。

主体建筑正面

| ① | | |
|---|---|---|
| ② | | ③ |
| ④ | | |

① 远眺民居

② 杂物间

③ 牛棚

④ 牲畜圈出入门

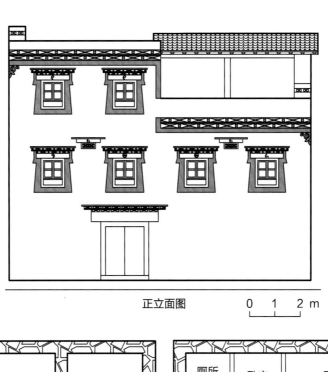

正立面图　　0　1　2 m

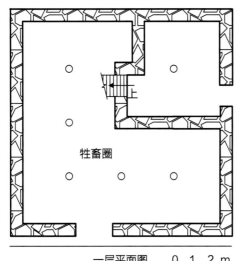

牲畜圈

一层平面图　　0　1　2 m

面积参考：161m²

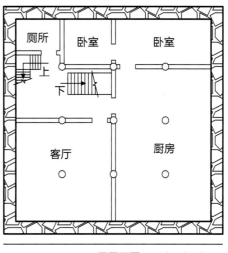

厕所

卧室　　卧室

上

下

客厅　　厨房

二层平面图　　0　1　2 m

面积参考：161m²

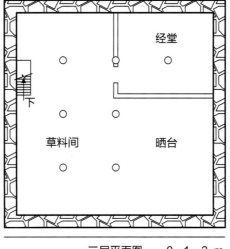

经堂

下

草料间　　晒台

三层平面图　　0　1　2 m

面积参考：161m²

## 第十一户

| 户主姓名 | 白马旺秋 | 所在村址 | 康定县朋布西乡上日头村 |
|---|---|---|---|
| 修建年代 | 2003 年 | 结构类型 | 石木结构 |
| 房屋朝向 | 坐西北朝东南 | 主体建筑面积 | 648m² |
| 民居介绍 | | | |

　　传统木雅民居的外墙面一般不上色，而白马旺秋家一半外墙是砌石墙原貌，一半外墙面呈白色，显得区分度很高。白色墙面涂有一层用白黏土混合颜料制成的象牙黄涂料。木雅传统的白色窗套装饰也随之被刷成了酱红色，以示区分。主体建筑共有三层，每层 20 空，一层东侧为牲畜圈共 8 空，储存室和入户空间在西侧。此民居巧妙地利用背面较高地势，在二层东北角依山就势地搭建出了一间约 36 平方米的新厨房。民居三层朝院内的转角处，有 1 空空间的木结构墙面，木墙面开大窗，以保障三层通道的采光。

主体建筑正面

室内过道

客厅

东南面的车库

西南面的仓库

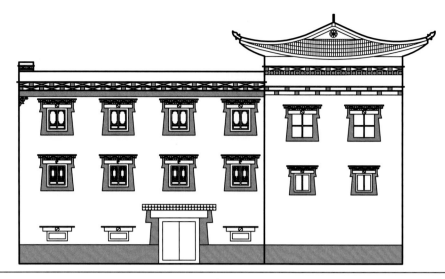

正立面图

0 1 2 m

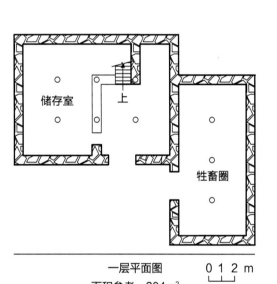

储存室

上

牲畜圈

一层平面图

0 1 2 m

面积参考：204m²

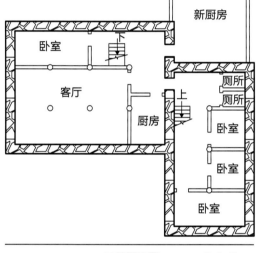

新厨房

卧室

客厅

厨房

上

厕所

厕所

卧室

卧室

卧室

二层平面图

0 1 2 m

面积参考：240m²

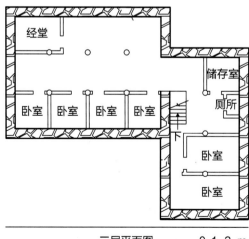

经堂

储存室

厕所

卧室

卧室

卧室

卧室

下

卧室

卧室

三层平面图

0 1 2 m

面积参考：204m²

## 第十二户

| 户主姓名 | 良陆 | 所在村址 | 康定县沙德乡瓦约村 |
|---|---|---|---|
| 修建年代 | 约 1500 年前 | 结构类型 | 石木结构 |
| 房屋朝向 | 坐西北朝东南 | 主体建筑面积 | 952m² |
| 民居介绍 | | | |

　　此户民居是康东地区传统木雅民居的代表，根据四川省人民政府于 2012 年 7 月 16 日公布的消息，此民居被认定为"四川省重点保护民居"——木雅藏寨经堂群（瓦约西北民居）。据悉，良陆家的民居初建时间大约在 1500 年前，是木雅地区年代最为久远、保存最为完好且仍在使用的民居，具有很高的研究价值。该民居整体高约 12 米，长约 16 米，宽约 11 米，共有四层。该民居共分为左右两组相对独立的居住空间，并均在顶、底两层设有出入门，一至三层的平面布局完全镜像对称，各层两组独立空间之间不设门相通。该民居在结构上和现代木雅民居大有不同：其一，开窗甚小，虽便于御敌和保温，但室内进光量和通风相对较差；其二，民居内部装饰非常简约，仅用白漆简单绘制图案纹饰；其三，内部格局上将大部分空间用于畜牧需求，一层为牲畜圈，整个二层空间都被用作草料间。民居底层入户门上留有门洞，主人可以从二层向入户大门投掷石块以攻击来犯之敌。左右两组独立空间的设计既满足庞大家族群体居住的需要，又方便御敌，在战事来袭的时候一旦一侧大门被攻破，住户可以通过楼顶连接空间进入另一户，并且继续坚守楼顶和底层大门，达到抵御外敌的目的。

远观民居

四川省重点保护民居——瓦约西北民居

二层楼梯口

入户空间

民居内堂

屋顶晒台

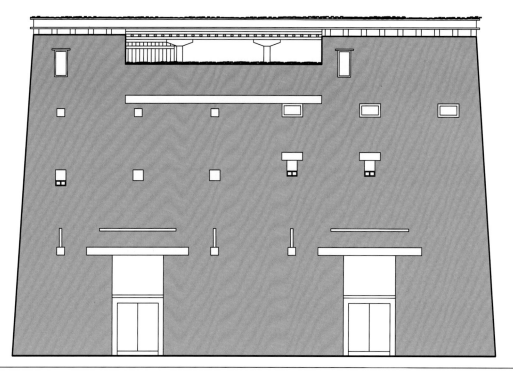

正立面图　　　　　　　　　0　1　2　m

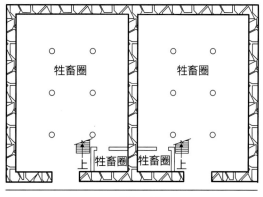

一层平面图　　　　　0　1　2　m
面积参考：238m²

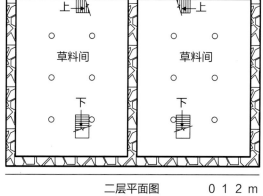

二层平面图　　　　　0　1　2　m
面积参考：238m²

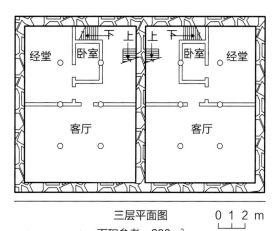

三层平面图　　　　　0　1　2　m
面积参考：238m²

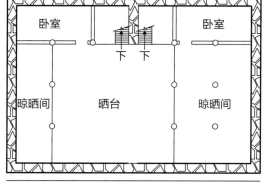

四层平面图　　　　　0　1　2　m
面积参考：238m²

## 第十三户

| 户主姓名 | 洛让大瓦 | 所在村址 | 康定县沙德乡瓦约村 |
|---|---|---|---|
| 修建年代 | 2013 年 | 结构类型 | 石木结构 |
| 房屋朝向 | 坐西北朝东南 | 主体建筑面积 | 705m² |
| 民居介绍 | | | |

　　洛让大瓦家共有三层，每层 23 空，共 705 平方米。民居外墙面十分抢眼，正面外墙装饰了机制的灰色和白石条石，这些条石形制规整，砌筑后石块间的缝隙较传统无规则石块来说更加平整，不需要填充小石块，大大增强了砌筑墙体的美观性，故而受到追捧并在四川藏区逐年流行起来。此户民居的门窗均未装饰门窗套，且窗户采用隔音玻璃做的横推窗替代传统木窗。民居在结构方面采用墙体和梁柱同时承重的方式修建，木梁两端嵌入砌体的石墙内，并在嵌入处的正下方搁一条木板，以避免承重石块的不均匀受力。

民居正立面

| ① | |
|---|---|
| ② | ③ |
| ④ | |

① 房屋侧面

② 入户木装饰

③ 客厅

④ 牲畜圈门

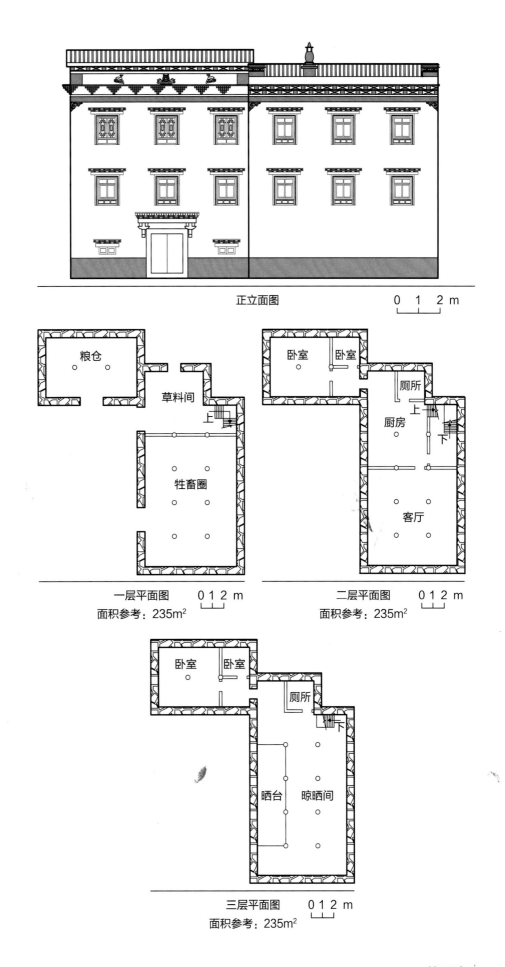

正立面图　　　0 1 2 m

一层平面图　0 1 2 m
面积参考：235m²

二层平面图　0 1 2 m
面积参考：235m²

三层平面图　0 1 2 m
面积参考：235m²

粮仓

草料间

牲畜圈

卧室　　卧室

厕所

厨房

客厅

卧室　　卧室

厕所

晒台　晾晒间

## 第十四户

| 户主姓名 | 仁珍姆 | 所在村址 | 康定县沙德乡生古村 |
|---|---|---|---|
| 修建年代 | 1998 年 | 结构类型 | 石木结构 |
| 房屋朝向 | 坐西北朝东南 | 主体建筑面积 | 456m² |
| 民居介绍 | | | |

　　仁珍姆家地势较低，民居背面有高至二层位置的山坡，房屋三层的后墙开有一门，并用两根圆木并排作为楼梯，一头搭在三层后门处，另一头搁在山坡上，由此在民居主体建筑的第三层形成了另一个出入口，便于主人直接从山坡上向民居三层的晾晒间运送粮草。

民居正立面

架设楼梯的背面

民居建筑侧面

周围环境

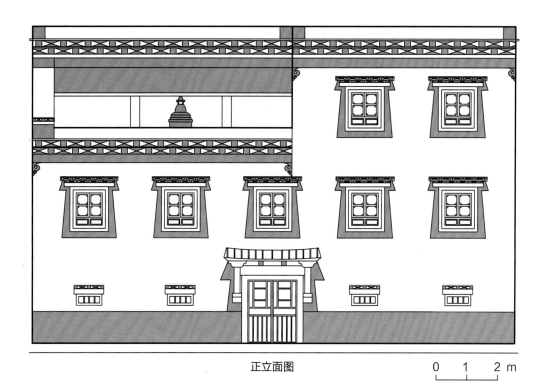

正立面图　　　　　0　1　2 m

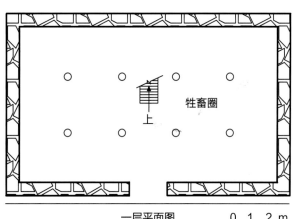

牲畜圈

上

一层平面图　　　0　1　2 m
面积参考：152m²

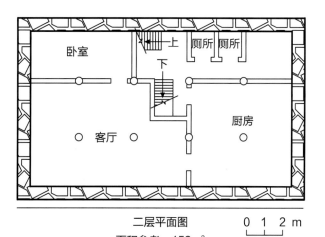

卧室　　　上　厕所　厕所

下

客厅　　　厨房

二层平面图　　　0　1　2 m
面积参考：152m²

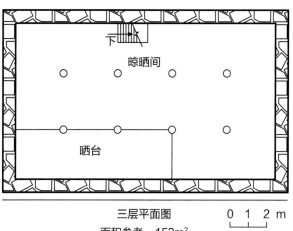

下

晾晒间

晒台

三层平面图　　　0　1　2 m
面积参考：152m²

## 第十五户

| 户主姓名 | 梁军 | 所在村址 | 康定县沙德乡生古村 |
|---|---|---|---|
| 修建年代 | 2000 年 | 结构类型 | 石木结构 |
| 房屋朝向 | 坐北朝南 | 主体建筑面积 | 738m² |
| 民居介绍 | | | |

　　梁军家背山面河，四面是田地，景色如画。民居坐北朝南，正面开窗，侧面不开窗或开窗很少，这种开窗设计在藏区很普遍，在兼顾民居采光性的同时，更加注重安全性。从外部看，二层厨房顶部的外墙上开有通风孔，三层经堂之上，转角处的木作部分装饰有一对曲色（音译，形似龙头，也称水兽或水族），曲色下颚挂有铃铛，寓意吉祥，一对曲色间的墙面上还饰有"祥麟法轮图"，充分展现出经堂的重要的地位。内部布局方面，一层北侧为牲畜圈，东侧为粮仓和入户空间；二层设有 2 间卧室、1 间厨房、1 间客厅、1 间厕所；三层为经堂和晾晒间，且在西南角开有 1 空空间的晒台，便于安放煨桑台和晾晒粮食、衣物。

民居正立面

① ②
———
① 周围环境
② 客厅

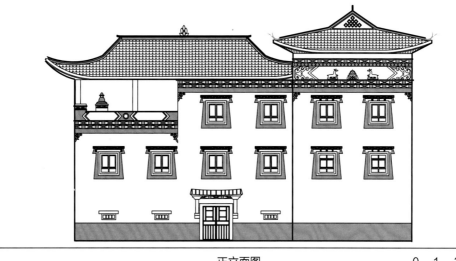

正立面图                    0 1 2 m

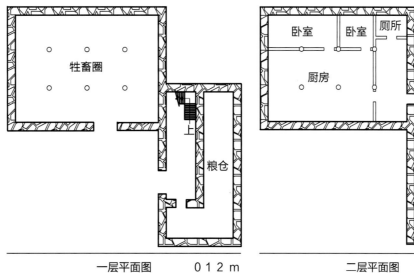

一层平面图                    0 1 2 m
面积参考：246m²

二层平面图                    0 1 2 m
面积参考：246m²

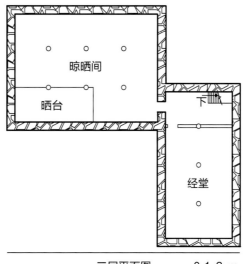

三层平面图                    0 1 2 m
面积参考：246m²

# 第十六户

| 户主姓名 | 伍贵林 | 所在村址 | 康定县沙德乡生古村 |
|---|---|---|---|
| 修建年代 | 2008 年 | 结构类型 | 石木结构 |
| 房屋朝向 | 坐北朝南 | 主体建筑面积 | 651m² |
| 民居介绍 | | | |

　　伍贵林家位于省道 S215 线旁，主体建筑坐北朝南，共有三层，每层 24 空。一层不开窗，仅在正面开有通风窗，畜圈外墙开有三角形的通风孔。一层只有一个入户门，进门正中是楼梯，左右两侧分隔为牲畜圈和粮仓；二层空间分区为客厅、厨房、厕所和卧室；三层大部分空间用作晾晒间，南侧正中间留有两空的晒台，西北角设一厕所，东南角搭有经堂。院落东侧搭建有两层半封闭结构的石木建筑，该附属建筑朝院内开口，用于堆放柴草和劳动工具。

民居正立面

周围环境

客厅

入户门

厨房 晾晒间

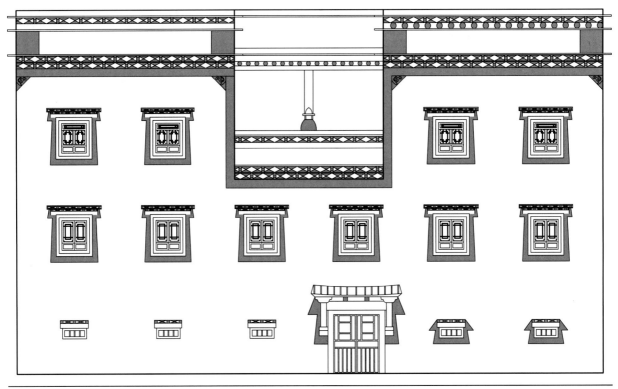

正立面图　　　　　　　0　1　2 m

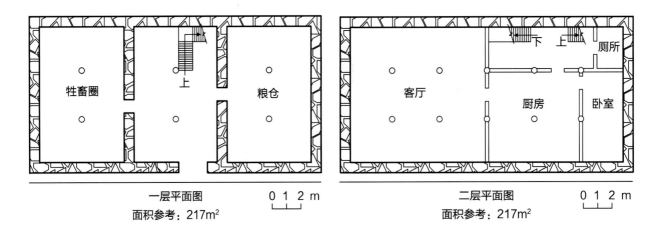

牲畜圈　　　　粮仓

上

一层平面图　　　　　0 1 2 m
面积参考：217m²

客厅　　　厨房　卧室

下　上　厕所

二层平面图　　　　　0 1 2 m
面积参考：217m²

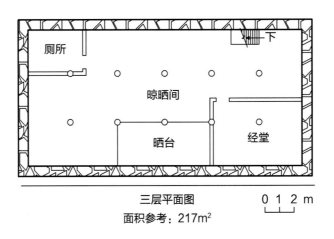

厕所

下

晾晒间

晒台　　　经堂

三层平面图　　　　　0 1 2 m
面积参考：217m²

# 第二节　康定县鱼通民居

| 户主姓名 | 张康中 | 所在村址 | 康定县鱼通区麦崩乡厂马村 |
|---|---|---|---|
| 修建年代 | 1994 年 | 结构类型 | 石木结构 |
| 房屋朝向 | 坐北朝南 | 主体建筑面积 | 552m$^2$ |
| 民居介绍 | | | |

　　鱼通民居集藏汉式民居风格为一体，其小青瓦人字坡顶、穿斗木构架等特征都属于汉式民居元素，而厚重的砌石墙、两椽一盖的门窗楣则彰显其藏式风格，张康中家便是康定鱼通民居的典型代表。该户民居依山而建，建筑前后高差很大，建设过程中为减少开挖土方量，巧妙地利用了高差，将基层堡坎建成牲畜圈，从而很自然地实现了人畜空间分离。此民居的厕所和厨房独立在院落南边，北侧和东侧住人，共有 8 个卧室。民居一层客厅之上的楼板出墙很短，这样一来客厅具有接近 5 米的挑高，空间十分开敞，甚是独特。顶层建有挑廊，这是鱼通民居的特色，挑廊紧挨着穿斗木框架的晾晒间，内外墙面不似木雅传统建筑，多粉以白漆。

民居建筑正面

晒台及周围景色

① 挑高的客厅
② 入院大门
③ 挑出的外廊
④ 顶层晾晒间
⑤ 民居窗饰

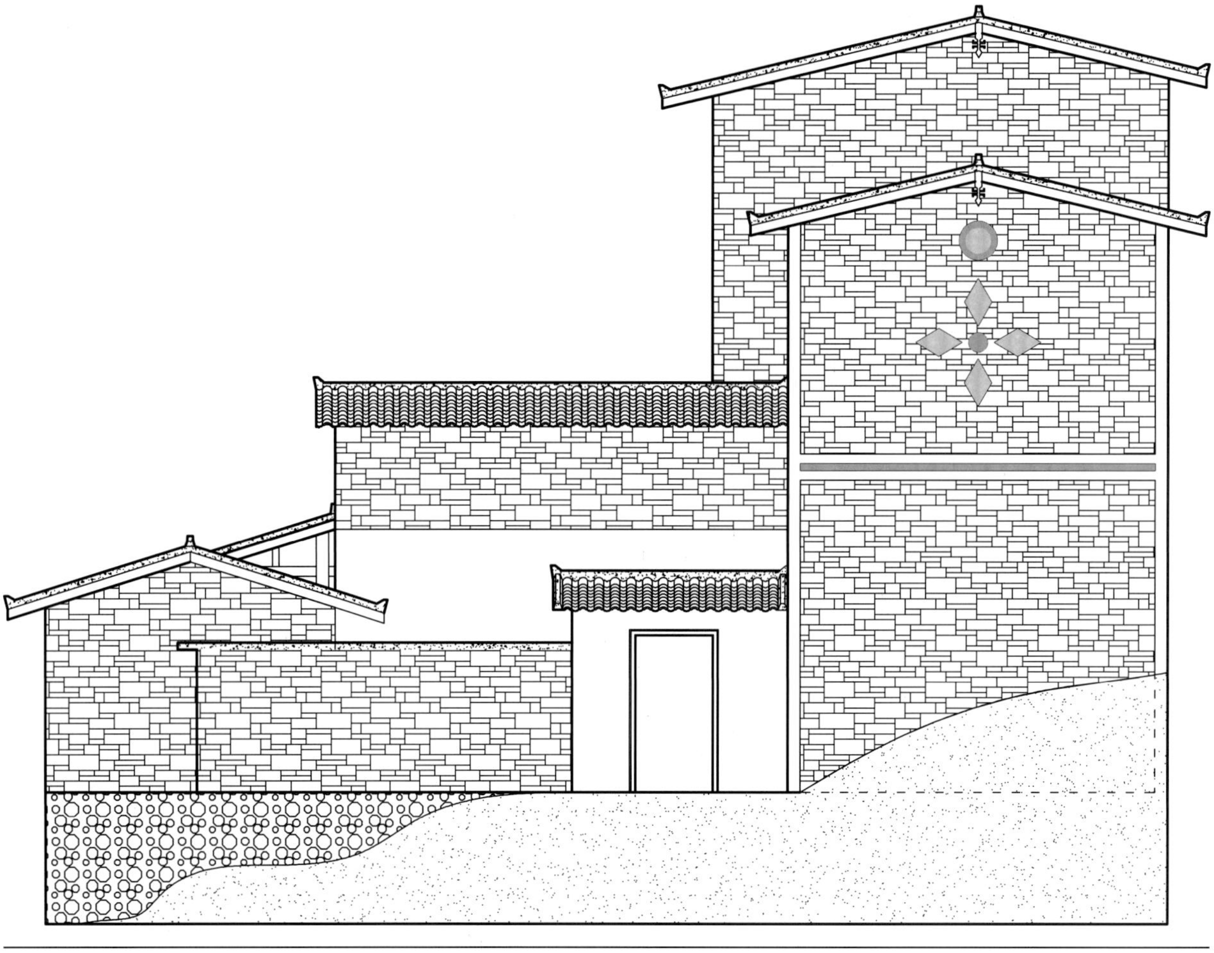

立面图　0 1 2 m

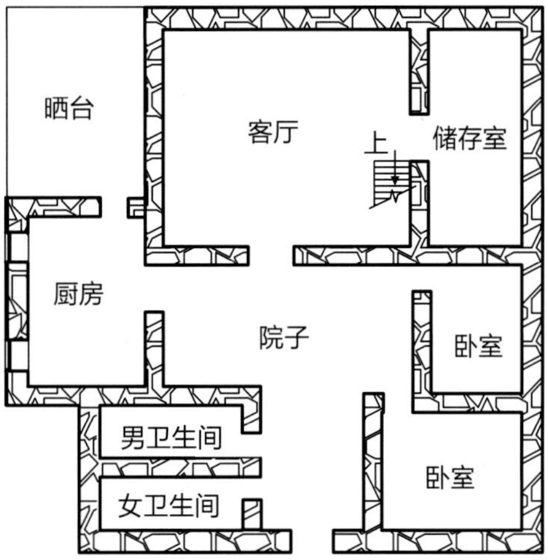
晒台
客厅
上
储存室
厨房
院子
卧室
男卫生间
女卫生间
卧室

一层平面图　0 1 2 m
面积参考：222m²

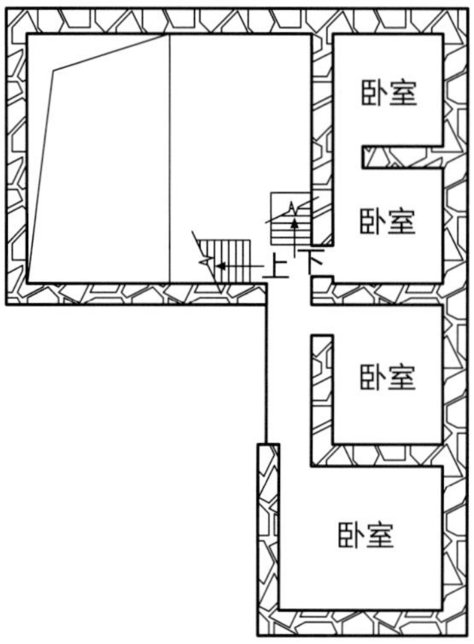
卧室
卧室
上
下
卧室
卧室

二层平面图　0 1 2 m
面积参考：162m²

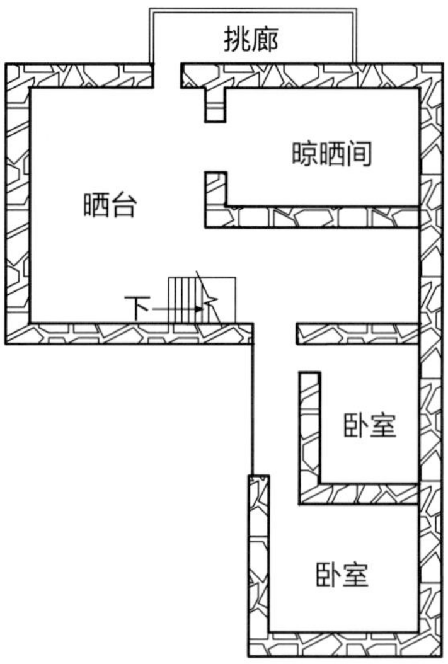
挑廊
晾晒间
晒台
下
卧室
卧室

三层平面图　0 1 2 m
面积参考：168m²

# 第三节 道孚县崩空民居

第一户

| 户主姓名 | 热科 | 所在村址 | 道孚县八美镇雀儿村 |
|---|---|---|---|
| 修建年代 | 2010 年修，2013 年改造 | 结构类型 | 石木结构 |
| 房屋朝向 | 坐西北朝东南 | 主体建筑面积 | 936m² |
| 民居介绍 | | | |

　　热科家修建于 2010 年，2013 年被选定为道孚县八美镇雀儿村首批标准化旅游接待型民居，由于原来以居住为目的而修建的民居无法满足游客需求，于是当地政府专门聘请了专业设计和施工团队，对民居内部进行了彻底的旅游功能改造。此民居每层有 48 根支撑柱，按照改造方案，一层规划客房区（四间）、水吧区、品茗区，并在楼梯旁设有服务吧台；二层设厨房、经堂、屋主起居室，并且保留了约 70 平方米的晾晒区，晾晒区铺有防腐木，不会积水，为游客提供了露天的休闲空间。民居内部大量使用木材进行装修，显得分外奢华。

民居建筑正面

| ① | ② |
|---|---|
| ③ | |
| ④ | ⑤ |

① 华丽的客厅装饰
② 水吧区
③ 二层晒台
④ 精美的外窗
⑤ 接待前台

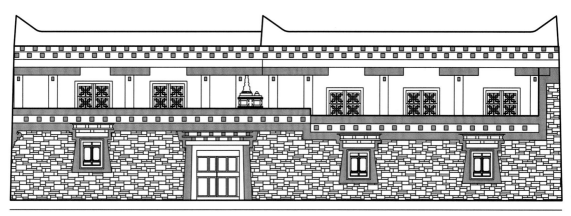

正立面图

0 1 2 m

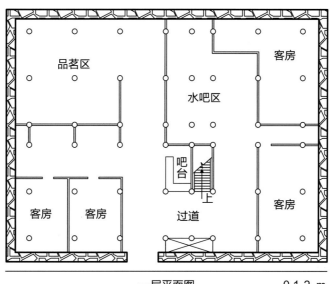

品茗区

客房

水吧区

吧台

上

客房

客房

客房

过道

一层平面图
面积参考：468m²

0 1 2 m

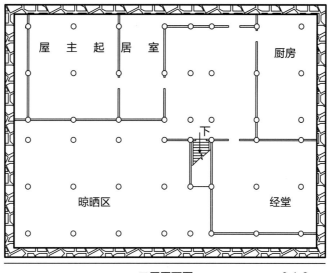

屋 主 起 居 室

厨房

下

晾晒区

经堂

二层平面图
面积参考：468m²

0 1 2 m

## 第二户

| 户主姓名 | 郑世会 | 所在村址 | 道孚县八美镇色卡乡高儿桥村 |
|---|---|---|---|
| 修建年代 | 1984 年 | 结构类型 | 崩空式石木结构 |
| 房屋朝向 | 坐西北朝东南 | 主体建筑面积 | 568m² |
| 民居介绍 | | | |

　　郑世会家主体建筑共有两层，另有一块晒场，一间牛棚，民居外观朴素，院落较大。道孚地区的崩空石木民居一般都采用岩石碎块作砌体材料，当然也有例外，比如此户民居所在的高儿桥村毗邻河流，很容易在河滩拾得建房用的鹅卵石，故而民居的砌体部分大量使用鹅卵石，充分体现出该民居在建造过程中就地取材的特色。主体建筑底层一侧做牲畜圈，另一侧用于阴干尚未干透的粮食，大型农用机械停放在一层中央，整个一层不开窗。民居二层向内退收并留出露台，露台尽头通向挑出的厕所，二层还设置有 3 间卧室、1 间经堂和 1 间厨房。穿斗式的藏民居普遍存在内部柱子密度过大，影响房屋格局安排的问题，而此民居二层围廊的承重柱子并不落地，直接被截短骑在了一楼的穿枋上，以此方式减少了一层的立柱数量。

民居正立面

晒场

客厅

底层楼梯

底层码放的青稞

底层全貌

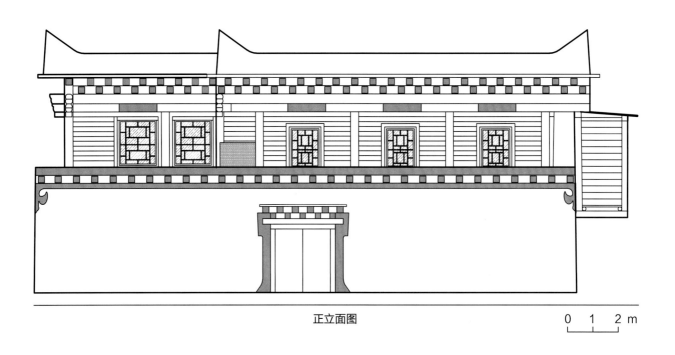

正立面图

0  1  2 m

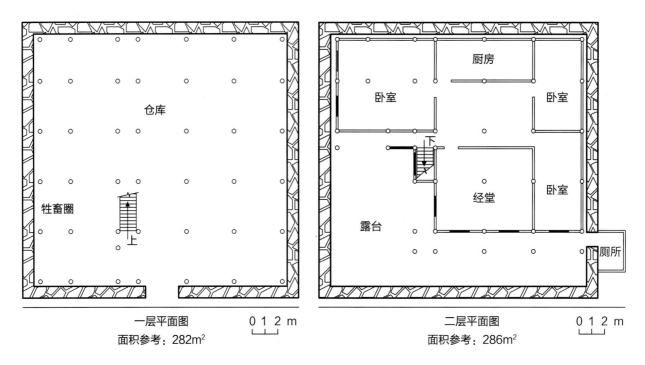

一层平面图
面积参考：282m²

0 1 2 m

二层平面图
面积参考：286m²

0 1 2 m

## 第三户

| 户主姓名 | 四郎扎西 | 所在村址 | 道孚县鲜水镇 |
|---|---|---|---|
| 修建年代 | 2010 年 | 结构类型 | 崩空式石木结构 |
| 房屋朝向 | 坐北朝南 | 主体建筑面积 | 2108m² |
| 民居介绍 | | | |

　　四郎扎西家体量十分巨大，截至 2014 年 9 月已经修建 3 年有余，但仅仅完工了建筑主体部分。按照这栋民居的建造规划推算，整栋建筑的内部装修时间还得需要 2 年，足见其建造和装修难度之大。民居每层 42 空，整栋民居建筑面积达 2108 平方米，其体量之大、做工之精在整个四川藏区的民居建筑中都很罕见。此民居建筑用料讲究，柱子直径可达 80 厘米，大梁、木柱纵横交错、榫卯相扣，紧密地组成整栋建筑的木框架。屋内全部用实木软包，雕刻细致，极尽奢华。就目前的格局来看，共隔有 24 个房间，房间大小以 2 空居多，3 空、6 空不等。砌体部分用料也很讲究，是用重达百斤的大石块沿直线砌筑，其间空隙用片石规则地填充，视觉效果极佳。（因该户民居尚未建成使用，其各个房间用途还不可知，因此在测绘图里仅以"房间"一词代替功能描述。）

民居正立面

| ① |  |
|---|---|
| ② | ④ |
| ③ | ⑤ |

① 小梁
② 上下行楼梯
③ 外窗装饰
④ 二层巨大的叠梁
⑤ 雕刻精美的木门

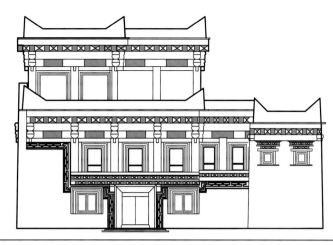

正立面图　　　　　0 1 2 m

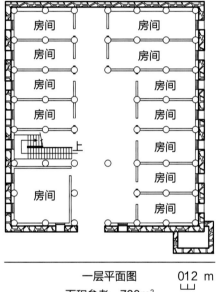

一层平面图　　　　012 m
面积参考：738m²

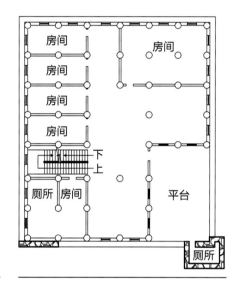

二层平面图　　　　012 m
面积参考：738m²

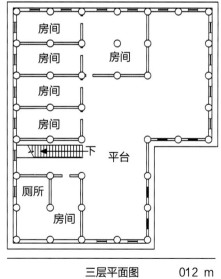

三层平面图　　　　012 m
面积参考：632m²

## 第四户

| | | | |
|---|---|---|---|
| 户主姓名 | 张贵芝 | 所在村址 | 道孚县鲜水镇 |
| 修建年代 | 1993 年 | 结构类型 | 崩空式石木结构 |
| 房屋朝向 | 坐东北朝西南 | 主体建筑面积 | 918m² |

| 民居介绍 |
|---|
| 　　张贵芝家共两层，每层 35 空，建筑面积 918 平方米。数年前该民居完成了从居住功能向旅游接待功能的转变，曾多次作为道孚旅游接待民居的典型见诸报端。整栋民居内部雕龙画栋，色彩斑斓，喜鹊、盘龙、凤凰、神话人物、祥云等题材丰富。移步其间，视觉感受各不相同，令人感慨此民居内部装饰的艺术表现力。功能布局上，一层有 4 间卧室、1 间餐厅、1 间厨房，原本是楼板的餐厅顶部，现在被改成了钢化玻璃，一改传统藏民居室内昏暗的弊端，餐厅的采光效果极佳。二层有卧室、客厅、休闲区和经堂，是宾客的主要休闲空间。 |

民居正立面

客厅装饰

华丽的隔扇

精美的柱雕

一层阳光房餐厅

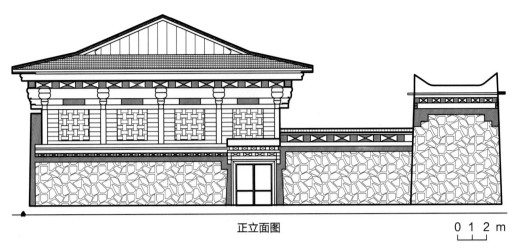

正立面图

0 1 2 m

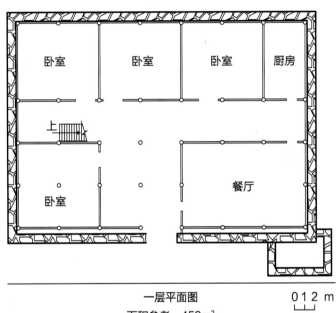

卧室　　卧室　　卧室　　厨房

上

卧室

餐厅

一层平面图

0 1 2 m

面积参考：459m²

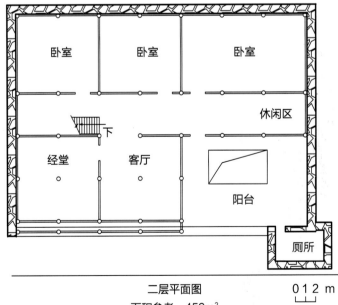

卧室　　卧室　　卧室

下

休闲区

经堂　　客厅

阳台

厕所

二层平面图

0 1 2 m

面积参考：459m²

## 第五户

| 户主姓名 | 嘎绒 | 所在村址 | 道孚县鲜水镇 |
|---|---|---|---|
| 修建年代 | 2004 年 | 结构类型 | 崩空式石木结构 |
| 房屋朝向 | 坐东朝西 | 主体建筑面积 | 1052m$^2$ |
| 民居介绍 | | | |

　　嘎绒家共有两层，每层 42 空，建筑面积共 1052 平方米，该民居的建筑技艺和装饰技艺十分精湛，二层全部安装实木的巨大门扇，门、梁、柱、柜无不采用巧夺天工的木雕和细绘。在空间利用方面，该民居也堪称奢华之至，仅入户大厅的空间就有 200 平方米。民居整体装饰颜色以金色和红色为主色，每个细部都很考究，尤其是经堂的装潢，镀铜包金，满铺地毯，极尽庄严和神圣。单从内部装修来看，与其说嘎绒家是一栋民居，不如说是一座藏式建筑文化宫殿。

民居正立面

| ① | |
|---|---|
| ② | ④ |
| ③ | ⑤ |

① 入户大厅

② 实木隔扇

③ 经堂

④ 客厅大梁

⑤ 楼梯

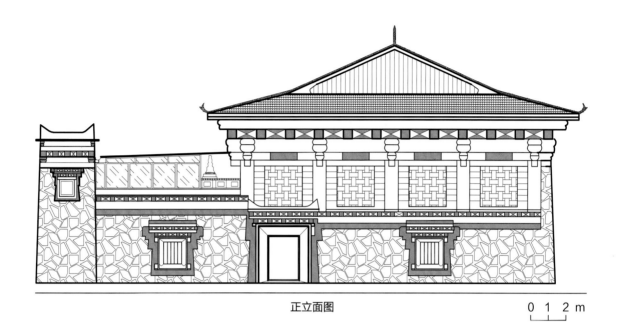

正立面图

0 1 2 m

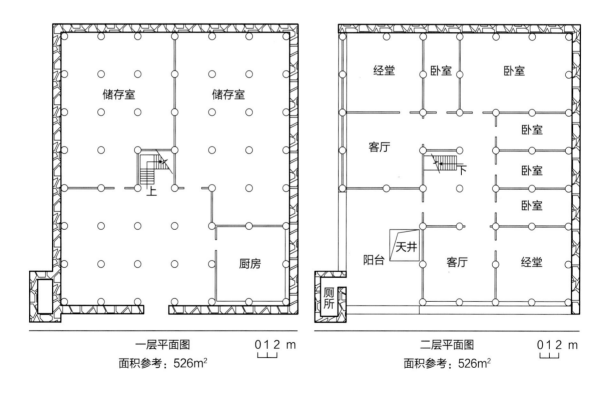

储存室　　储存室

上

厨房

一层平面图

0 1 2 m

面积参考：526m²

经堂　卧室　　卧室

客厅　　　　　卧室

下

卧室

卧室

阳台　天井　客厅　经堂

厕所

二层平面图

0 1 2 m

面积参考：526m²

## 第六户

| 户主姓名 | 巴姆 | 所在村址 | 道孚县鲜水镇团结北街 |
|---|---|---|---|
| 修建年代 | 1980 年 | 结构类型 | 崩空式土石木结构 |
| 房屋朝向 | 坐东北朝西南 | 主体建筑面积 | 582m² |
| 民居介绍 | | | |

　　巴姆家属于土石木结构民居，始建于 20 世纪 80 年代初，因其修建场地有坡度，所以在修建之初工匠先用石块将地基找平，然后再在找平面上夯筑土墙。一层采用藏式夯土技术筑墙，二层则采用崩空民居的建造技术修建。该民居在结构上采用了榫卯连接的圈梁结构，圈梁能够很好地固定构造柱，增加房屋的整体刚度和稳定性，减轻地基不均匀沉降对房屋的破坏，抵抗地震力的影响。民居共两层，一层做柴房和牲畜圈，二层设有仓库、卧室、客厅、厨房、厕所等功能区，涵盖屋主全部的生活空间需求。厨房顶部留有通风窗，兼具排烟、通风和采光的功能。

民居正立面

底层的圈梁结构

厨房

厨房通风口

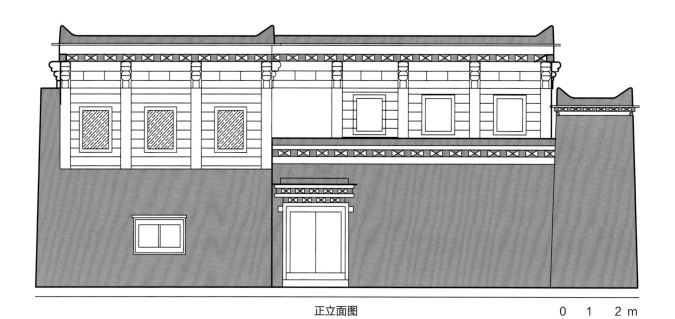

正立面图　　　　　　0　1　2 m

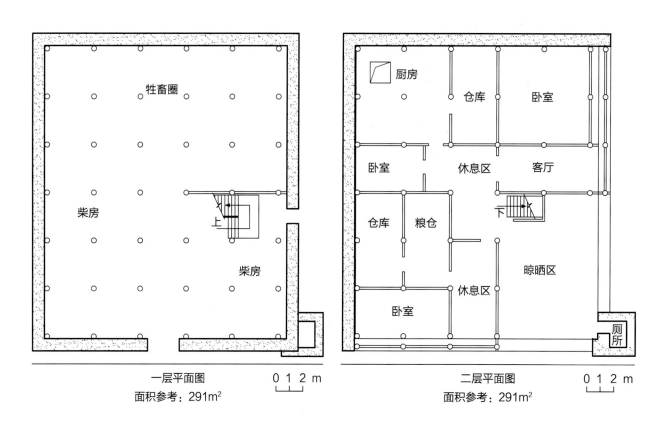

一层平面图　　　　　　0 1 2 m
面积参考：291m²

二层平面图　　　　　　0 1 2 m
面积参考：291m²

## 第七户

| 户主姓名 | 冲翁她姆 | 所在村址 | 道孚县鲜水镇鲜水西路 |
|---|---|---|---|
| 修建年代 | 1973 年 | 结构类型 | 崩空式土石木结构 |
| 房屋朝向 | 坐东北朝西南 | 主体建筑面积 | 893m² |
| 民居介绍 | | | |

冲翁她姆家已有40余年建筑历史，民居建在缓坡上，一条灌溉水渠隔开了民居院落和苹果园。相比之下，果园地势平坦，建房条件更好，但为了保障生产，退而求其次将民居修在山坡上。坡地建房往往需要开挖大量土方，但此户民居并不过多改造地貌，而是顺坡建房。这种建房的方式使得此民居看似有三层，但实际上每一层都直接建在山地上，而且每一层建筑的占地面积和建筑格局均不相同，各层的高差因地势走高而形成，由此一来，出现很多有趣的现象，比如二层东南侧的柴房可直接通向一层院坝，又如一层面积反而明显少于二层等。

民居正立面

收分的外墙

扇形合门

厕所

正立面图　　　　0 1 2 m

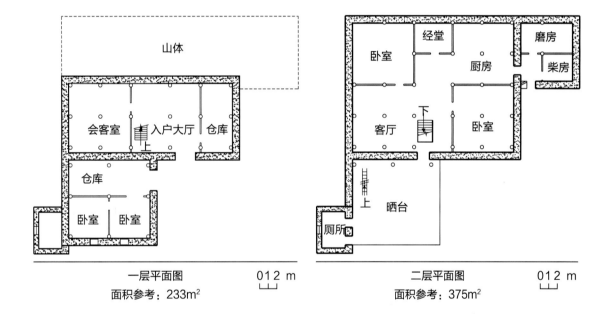

一层平面图　　　　0 1 2 m

面积参考：233m²

二层平面图　　　　0 1 2 m

面积参考：375m²

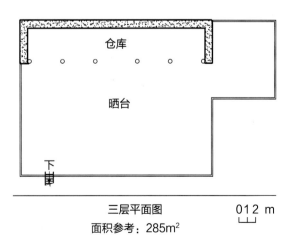

三层平面图　　　　0 1 2 m

面积参考：285m²

## 第八户

| 户主姓名 | 根尼 | 所在村址 | 道孚县甲宗乡银克村 |
|---|---|---|---|
| 修建年代 | 2000 年 | 结构类型 | 崩空式石木结构 |
| 房屋朝向 | 坐东朝西 | 主体建筑面积 | 616m² |
| 民居介绍 | | | |

　　根尼家位于道孚县东北部的甲宗乡银克村，紧邻村内公路，背巷面街。从外部看，民居的砌石外墙不刷白，外窗与门没有门窗套装饰，一层窗楣只有一椽一盖，但开窗很大，二层窗户没有窗楣装饰，建筑不带有形似碉楼的厕所，从外观来讲此民居不似鲜水镇民居那样讲究。民居一层北侧开设对外经营的店铺，其余空间作为仓库，楼梯正对入户大门，且设计为两端入中间出的形式。民居内部装饰华丽，各式家具精美，二层北侧的生活阳台特色突出，可尽享康东的暖阳与清风。

民居正立面

生活阳台

精致的橱柜

楼梯

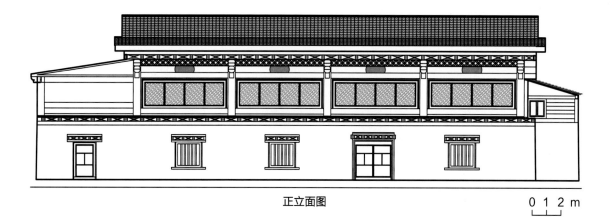

正立面图　　0 1 2 m

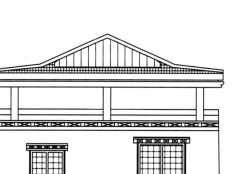

侧立面图　　0 1 2 m

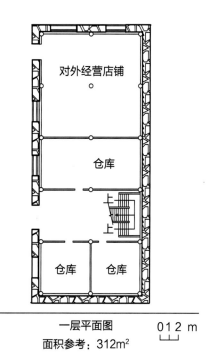

一层平面图　　0 1 2 m
面积参考：312m²

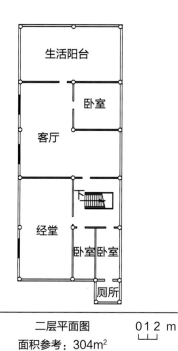

二层平面图　　0 1 2 m
面积参考：304m²

## 第九户

| 户主姓名 | 党洛 | 所在村址 | 道孚县甲宗乡银克村 |
|---|---|---|---|
| 修建年代 | 1998 年 | 结构类型 | 崩空式石木结构 |
| 房屋朝向 | 坐北朝南 | 主体建筑面积 | 98m² |
| 民居介绍 | | | |

　　党洛家是典型的单层崩空式民居建筑，建筑面积较小，仅有 12 空 98 平方米。建筑最底层用片石砌出高约 70 厘米的基层，再在基层之上架设全木构架，石质基层起到了很好的隔水防潮作用，避免木构架受潮腐朽。民居开窗多而大，最大开窗长度可达 2 米，有固定窗扇和可动窗扇两种形式，建筑顶部盖有歇山坡顶，整栋民居内外形制规整而简约，以追求实用为目的。

$\dfrac{①}{②}$

① 民居正立面
② 民居侧面

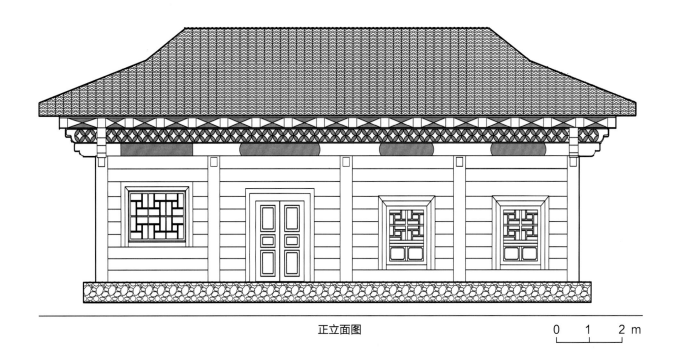

正立面图

0 1 2 m

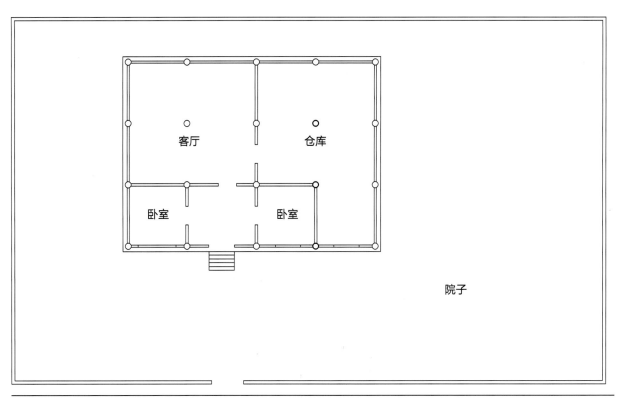

客厅

仓库

卧室

卧室

院子

平面图

0 1 2 m

面积参考（仅居民建筑）：98m²

## 第十户

| 户主姓名 | 雍中塔姆 | 所在村址 | 道孚县甲宗乡银克村 |
|---|---|---|---|
| 修建年代 | 2008 年 | 结构类型 | 崩空式石木结构 |
| 房屋朝向 | 坐北朝南 | 主体建筑面积 | 95m² |
| 民居介绍 | | | |

　　此民居建筑只有一层，为单层崩空式建筑，设有面积 4 空约 35 平方米的檐廊，檐廊的外侧有高约 60 厘米的半圆木墙，可坐可倚，是沟通室内和室外的过渡空间。民居内设有 1 间卧室，1 间客厅和厨房，1 间经堂，屋内陈设简约，以实用为主。为适应牧区放牧生产方式的需要，该户民居的院落很大，并用木板围合，夏季时为后院，冬季可关牲畜。

民居正立面

民居背面的牧场围栏

走廊转角处

客厅

走廊一隅

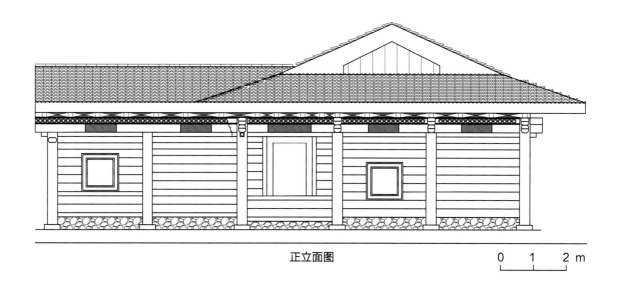

正立面图　　　　　0　1　2 m

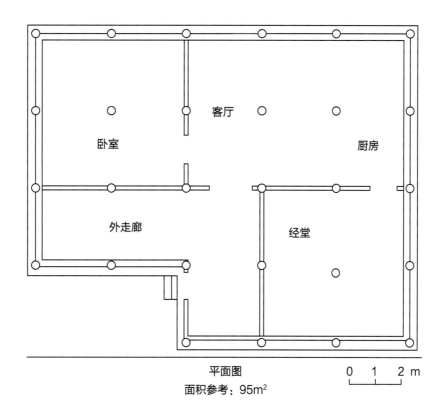

平面图　　　　　0　1　2 m

面积参考：95m²

# 第四节　道孚县扎坝民居

第一户

| 户主姓名 | 米其格让 | 所在村址 | 道孚县下拖乡下瓦然村 |
|---|---|---|---|
| 修建年代 | 20 世纪上半叶 | 结构类型 | 石木结构 |
| 房屋朝向 | 坐西北朝东南 | 主体建筑面积 | 713m² |
| 民居介绍 | | | |

　　米其格让家位于下瓦然村，是道孚县扎坝地区民居建筑的典型代表，建筑共有五层，一层西侧为牲畜圈，东南侧设楼梯通道；二层设 1 间卧室、1 间厨房、2 间储存室；三层设 2 间卧室、1 间客厅、1 间粮仓；四层设大面积的晒台，晒台边缘外挑出檐约 1 米，该层还设有 1 间晾晒间和 1 间经堂，晾晒间尽头通向一处挑厕；五层较四层退收，设晾晒间和外挑的晒台。

民居建筑正面（何行铭摄影）

道孚县扎坝民居
（何行铭摄影）

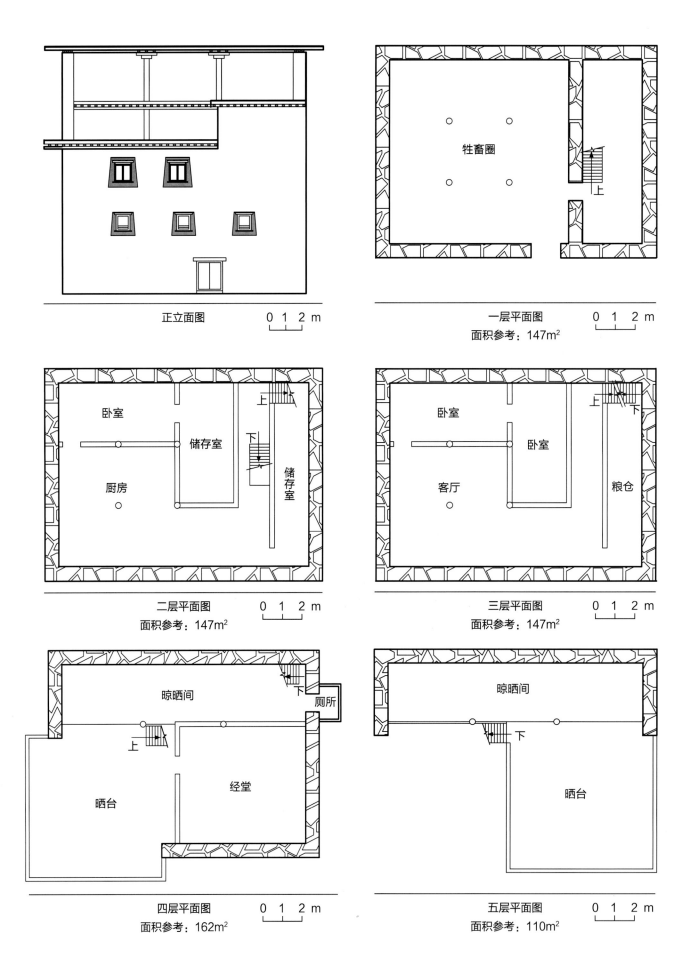

正立面图　　0 1 2 m

一层平面图　　0 1 2 m
面积参考：147m²

牲畜圈

二层平面图　　0 1 2 m
面积参考：147m²

卧室　　储存室

厨房

储存室

三层平面图　　0 1 2 m
面积参考：147m²

卧室　　卧室

客厅

粮仓

四层平面图　　0 1 2 m
面积参考：162m²

晾晒间

厕所

晒台

经堂

五层平面图　　0 1 2 m
面积参考：110m²

晾晒间

晒台

## 第二户

| 户主姓名 | 阿吉 | 所在村址 | 道孚县亚卓乡巴里村 |
|---|---|---|---|
| 修建年代 | 1997 年 | 结构类型 | 石木结构 |
| 房屋朝向 | 坐西朝东 | 主体建筑面积 | 730m² |
| 民居介绍 | | | |

近年来扎坝民居常以原址扩建的形式扩大建筑面积，阿吉家便是如此，新建建筑体紧靠原建筑修建，每层同高，并在新老建筑之间开洞设门，由此连通新老建筑。该民居共有五层，一层老建筑关牲畜，新建筑作粮仓；二层设 2 间卧室，1 间厨房；三、四、五层均有晾晒间和晒台，扎坝民居晒台众多，这与其半农半牧的生产情况有关。这户民居的外墙面刷有蓝白相间的条纹，识别度较高，也是扎坝民居的典型特征。在每层晒台边缘都加盖有片石，片石皆出檐，可避免雨水对外墙面的冲蚀。民居的底层不开窗，仅开少量通风洞，洞口呈梭形，两头窄中间宽，专为牲畜圈通风。

①
—
②

① 民居建筑侧面（何行铭摄影）

② 民居建筑背面（何行铭摄影）

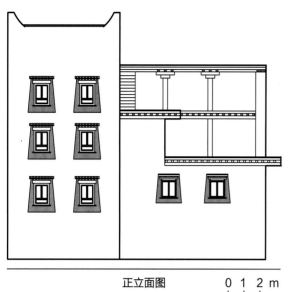

正立面图　　0 1 2 m

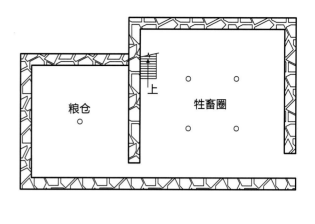

一层平面图　　0 1 2 m
面积参考：163m²

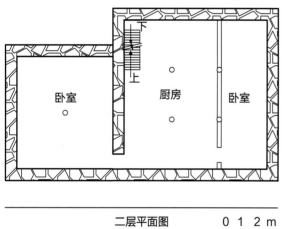

二层平面图　　0 1 2 m
面积参考：163m²

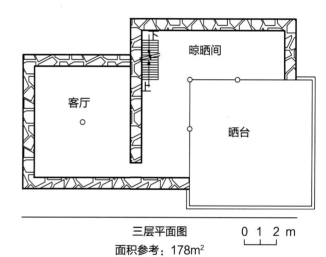

三层平面图　　0 1 2 m
面积参考：178m²

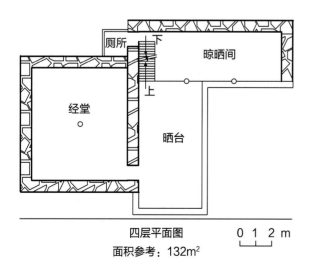

四层平面图　　0 1 2 m
面积参考：132m²

五层平面图　　0 1 2 m
面积参考：94m²

# 第五节  九龙县木雅民居

第一户

| 户主姓名 | 王达瓦 | 所在村址 | 九龙县汤古乡伍须村 |
|---|---|---|---|
| 修建年代 | 2008 年 | 结构类型 | 石木结构 |
| 房屋朝向 | 坐南朝北 | 主体建筑面积 | 324m² |
| 民居介绍 | | | |

　　为从事旅游服务接待，王达瓦家对民居建筑格局进行了全面改造，一层开辟大面积的客厅，二层设置 8 间客房，均是大开窗，通风采光好。紧邻民居的东侧建有一座砖砌的附属建筑，新修建筑和原建筑完全连为一体，供房客上下二层客房区。附属建筑的一层为卧室和厨房，供管理人员生活居住。转角楼梯直通二层，二层设厨房和厕所，与原建筑二层同高，且在新旧建筑之间的墙体上开洞设门。这种改造方案有利于经营者管理二层客房区，旨在将主客生活空间隔开，生活互不干扰，类似的改造方案已成为当下九龙县藏式民居旅游改造的重要形式之一。

民居建筑正面

室内过道

民居大门

门窗装饰

水泥硬化的室内

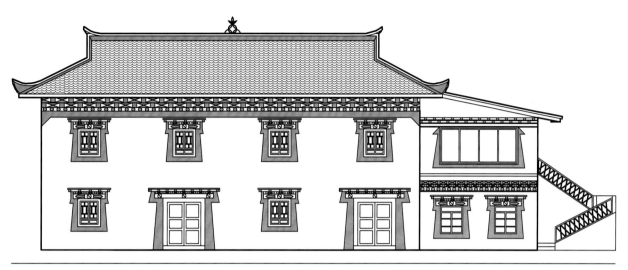

正立面图

0 1 2 m

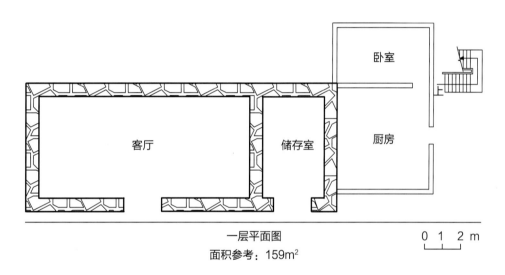

一层平面图

面积参考：159m²

0 1 2 m

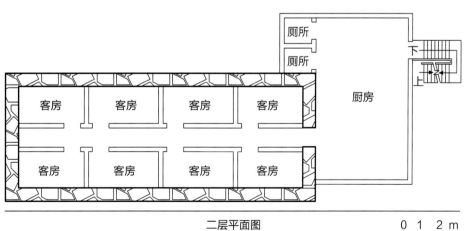

二层平面图

面积参考：165m²

0 1 2 m

## 第二户

| 户主姓名 | 呷布 | 所在村址 | 九龙县汤古乡伍须村 |
|---|---|---|---|
| 修建年代 | 2007 年 | 结构类型 | 石木结构 |
| 房屋朝向 | 坐东朝西 | 主体建筑面积 | 318m² |
| 民居介绍 | | | |

　　呷布家的一层有两个出入口，南侧入口通库房和楼梯，北侧入口通客房区，一层共有 6 间旅游接待客房。二层为屋主生活空间，内设客厅、厨房、厕所、卧室、客房和经堂。该民居主客生活空间相对独立，具有很好的私密性，适合接待之用。

民居建筑正面

民居院落

周围环境

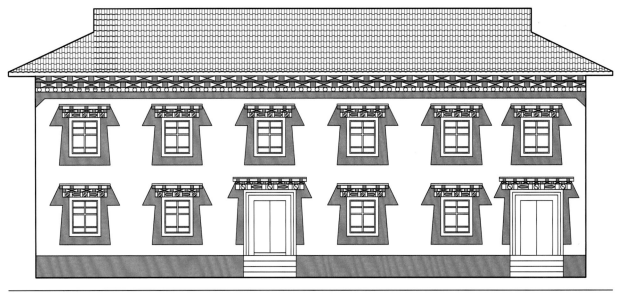

正立面图

0　1　2 m

| 客房 | 客房 | 客房 | 客房 | 库房 |
| 客房 | 客房 | | | 库房 |

上

一层平面图
面积参考：159m²

0　1　2 m

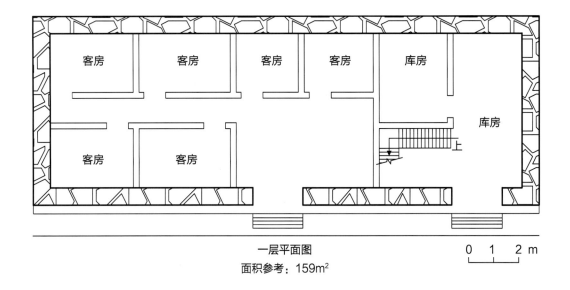

| 厕所 | | | 厨房 | |
| 卧室 | 客厅 | | 客房 | 经堂 |

下

二层平面图
面积参考：159m²

0　1　2 m

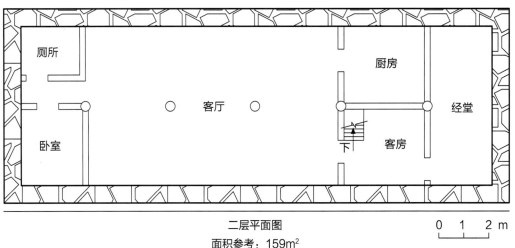

## 第三户

| 户主姓名 | 罗汪登 | 所在村址 | 九龙县汤古乡伍须村 |
|---|---|---|---|
| 修建年代 | 2008 年 | 结构类型 | 石木结构 |
| 房屋朝向 | 坐北朝南 | 主体建筑面积 | 238m² |
| 民居介绍 | | | |

  该民居共两层，一层设 1 间客厅、2 间卧室和 1 个储存室，是屋主的居住空间；二层设 6 间客房，且二层入户楼梯外设，主客生活空间完全独立，互不干涉，这种空间设计十分有利于从事旅游民居接待。

民居正立面

| ① | |
| --- | --- |
| ② | ④ |
| ③ | |
| ⑤ | |

① 前院

② 接待用房

③ 周边环境

④ 卧室里的藏床

⑤ 窗饰——宝伞

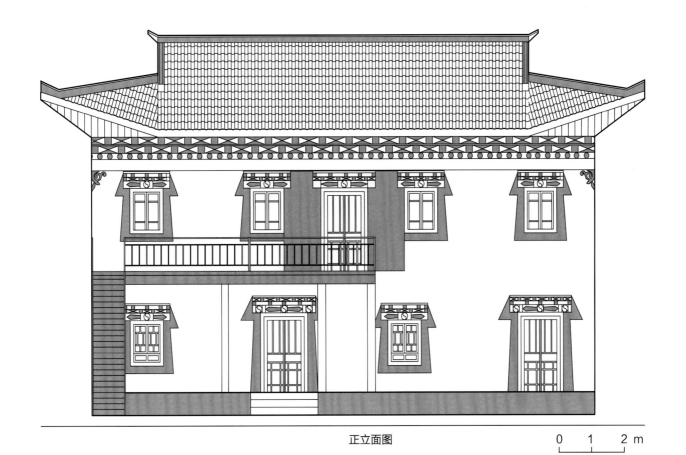

正立面图     0   1   2 m

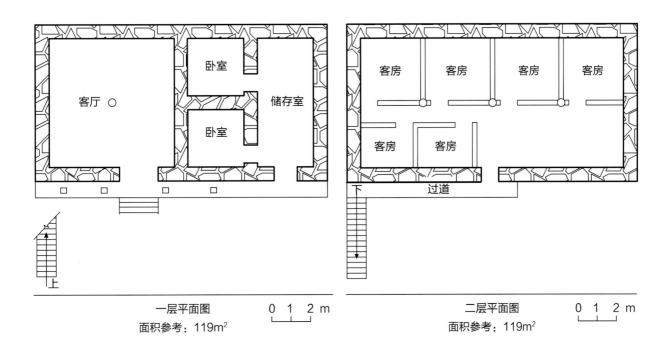

一层平面图     0   1   2 m

面积参考：119m²

二层平面图     0   1   2 m

面积参考：119m²

# 第六节 九龙县（吕汝、尔苏等）小族群民居

**第一户**

| 户主姓名 | 泽旺扎西 | 所在村址 | 九龙县呷尔镇华丘村 |
|---|---|---|---|
| 修建年代 | 1984 年 | 结构类型 | 石木结构 |
| 房屋朝向 | 坐北朝南 | 主体建筑面积 | 290m² |
| 民居介绍 | | | |

　　泽旺扎西家由 1 栋主体建筑和 1 栋附属建筑组成，并由石砌墙围合院落。所有建筑屋顶皆盖有青瓦坡顶，建筑外墙多用水泥抹平，或刷漆或贴瓷砖。窗的形制有木窗和铝合金窗两种，门窗皆无套，少数窗有一椽一盖的传统藏式窗楣装饰。一层设卧室、厨房和储存室，二层设客厅和 2 间卧室。泽旺扎西家具有吕汝、尔苏小族群民居的典型特征，其一、二层与房顶之间的夹层被利用来晾晒粮食，空间利用效率变高；其二，从外表来看，可以清楚地发现砌体墙沿水平方向搁置的一圈墙筋，墙筋皆外露至墙面。

民居建筑正面

②

③

| ① | |
|---|---|
| ② | ③ |
| | ④ |

① 入院大门

② 夹层晾晒间

③ 民居厨房内景

④ 入户楼梯

④

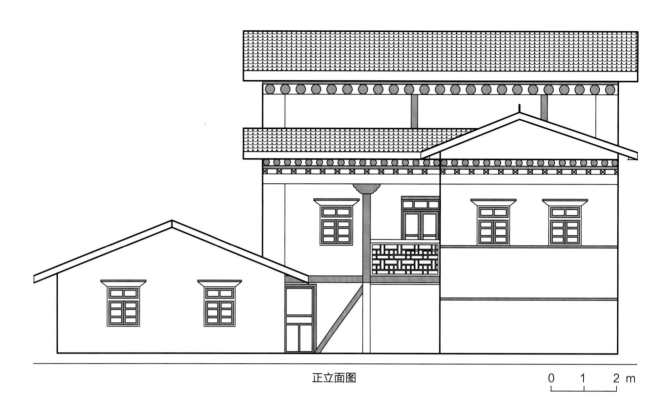

正立面图

0 1 2 m

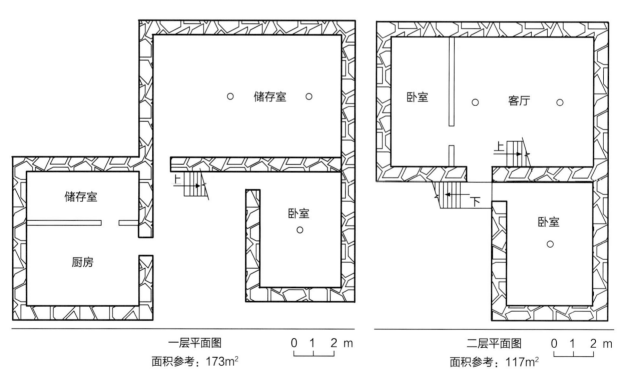

一层平面图

面积参考：173m²

0 1 2 m

二层平面图

面积参考：117m²

0 1 2 m

## 第二户

| 户主姓名 | 四郎泽仁 | 所在村址 | 九龙县呷尔镇华丘村 |
|---|---|---|---|
| 修建年代 | 20世纪中叶 | 结构类型 | 石木结构 |
| 房屋朝向 | 坐东朝西 | 主体建筑面积 | 252m$^2$ |
| 民居介绍 | | | |

　　四郎泽仁家共有两层，一层为牲畜圈，单独设门，不设窗但四周开洞设通风孔。二层另架楼梯入户，共有2间卧室和1间客厅，二层有楼梯通向楼顶晾晒间。总体说来，该民居功能布局紧凑实用，内部装修简单，没有过多修饰。外墙面共嵌入三圈环形墙筋，木板做的墙筋嵌入墙体约20厘米，纵向宽度5厘米，墙筋之间约有1.7米高差，较高两处分别与二层窗户的上下边齐平，这种做法便于工匠在同一高度架设木窗。

民居正立面

① ① 夹层晾晒间

② ② 丰收后堆放的粮食

③ ③ 楼梯洞口

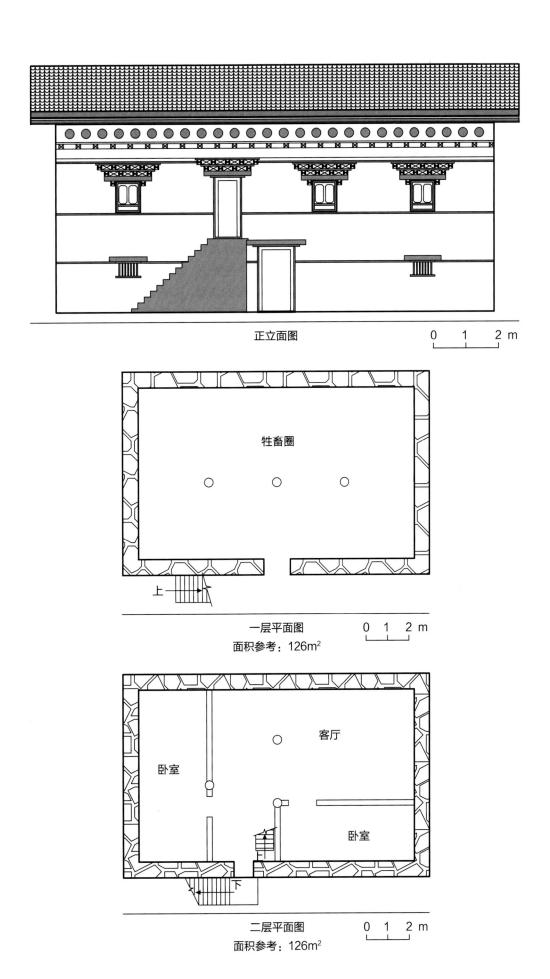

正立面图　　　　　　0　1　2 m

牲畜圈

上

一层平面图　　　　　　0　1　2 m
面积参考：126m²

卧室

客厅

卧室

下

二层平面图　　　　　　0　1　2 m
面积参考：126m²

## 第三户

| 户主姓名 | 李雪燕 | 所在村址 | 九龙县呷尔镇华丘村 |
|---|---|---|---|
| 修建年代 | 2010 年 | 结构类型 | 砖混、石木结构 |
| 房屋朝向 | 坐东朝西 | 主体建筑面积 | 357m² |

### 民居介绍

　　李雪燕家的民居建筑十分特别，集中体现出康东传统民居朝现代砖混民居的转变。该民居南、北、西侧外墙采用传统砌石工艺，屋子的房顶也是传统做法，而内部结构却完全采用砖混工艺，外部装饰和内部装修上也尽量保留传统民居的要素特征，总的来看，该户民居建筑呈现出"融合与保守"的特点。外墙的橼头断面、雀替位置都用水泥塑形，瓷砖贴面，意在尽量突出这些传统建筑元素。当地的传统民居一层入户，房间不单独朝外开门，而此户民居一层的 2 间卧室和 1 间厨房皆单独朝外设门。民居封窗、立门都为现代风格，防盗门和铝合金隔热玻璃的运用尽显当代民居气息。现代砖混结构让民居内部拥有更大的跨度，几十平方米的空间不再木柱林立，更利于空间分割。贴墙纸、铺瓷砖、用铝扣板吊顶，置身其中，唯有藏式家具和神龛还能体现出此户民居的藏式风格。

民居正立面

院落

贴瓷砖的正面细部

顶层晾晒间

客厅

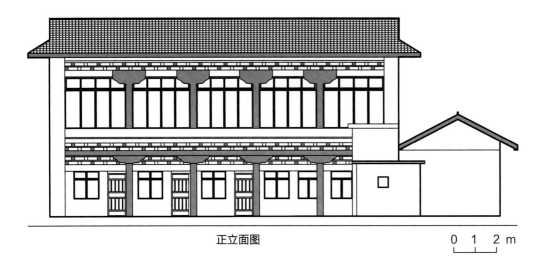

正立面图　　　　　0 1 2 m

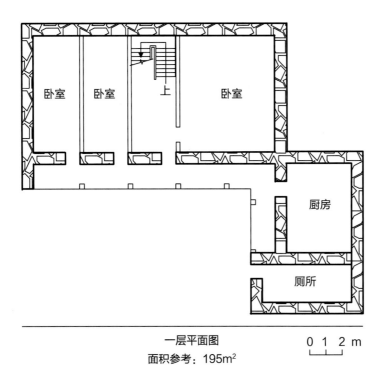

一层平面图　　　　0 1 2 m
面积参考：195m²

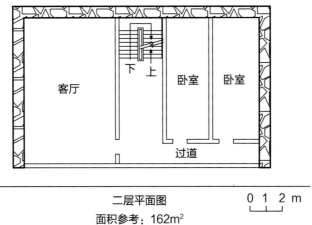

二层平面图　　　　0 1 2 m
面积参考：162m²

## 第四户

| 户主姓名 | 李开华 | 所在村址 | 九龙县子耳乡万年村 |
|---|---|---|---|
| 修建年代 | 1979 年 | 结构类型 | 石木结构 |
| 房屋朝向 | 坐东朝西 | 主体建筑面积 | 618m² |
| 民居介绍 | | | |

　　李开华家修建的场地坡度较大，在建造过程中二层地基被抬高，最终形成了十分独特的立面风格。从建筑结构来看，此户民居具有典型的川西民居风格，如有穿斗木架、长出檐、檐廊、小青瓦人字坡顶结构等。此外，该民居藏式建筑元素也很丰富，如砌石墙、三角火塘、藏式木地板、藏式炊具等。此户民居所在地——九龙县子耳乡道路交通条件差，相对偏远，经济基础薄弱，在民居建筑上反映出内外装饰皆无、家具陈设简单等特点。

主体建筑

客厅一面

建筑侧面

厨具

客厅陈设

檐廊立柱

**四川藏区民居图谱**
甘孜州康东卷

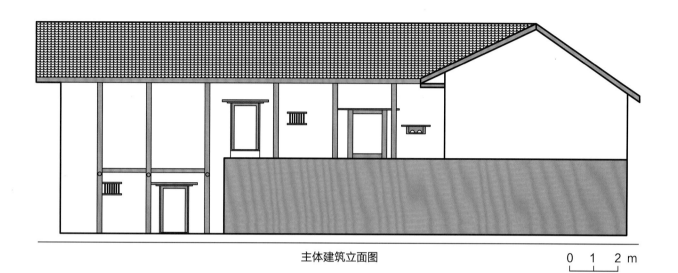

主体建筑立面图     0 1 2 m

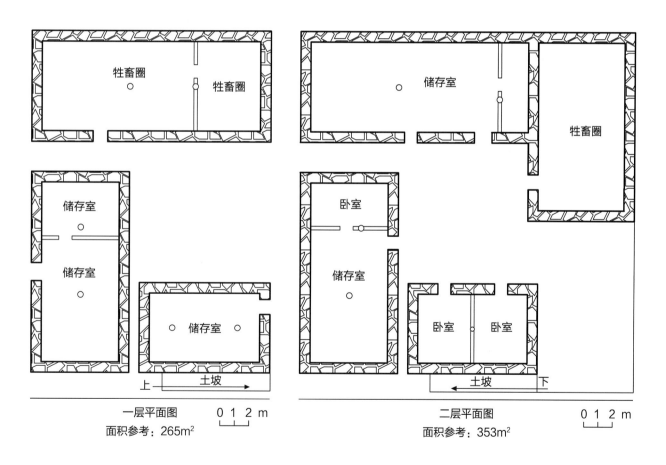

一层平面图     0 1 2 m
面积参考：265m²

二层平面图     0 1 2 m
面积参考：353m²

## 第五户

| 户主姓名 | 朱长青 | 所在村址 | 九龙县子耳乡万年村 |
|---|---|---|---|
| 修建年代 | 1952 年 | 结构类型 | 石木结构 |
| 房屋朝向 | 坐东朝西 | 主体建筑面积 | 365m² |
| 民居介绍 | | | |

　　朱长青家只有一层，可分为三个主要功能空间，厨房和储存室位于院落东侧，3 间卧室位于院落北侧，南侧则布置牲畜圈和厕所，民居功能布局较为分散，内部空间仅用砖墙简单分隔。该民居的开窗数量少，开窗面积小，以梁、柱、墙三者共同承重。为了节省木材用量，民居内部立柱很少，比如厨房空间 15 米的跨度仅有一根立柱、一根穿枋。穿枋两头插进墙体，其上搭有 6 根檩条，檩条之上铺竹篾编，另一端嵌入石墙，竹篾编上面则用于堆放物资。厨房内既有汉式烧柴的炉灶，还有藏式传统三角火塘，体现出汉藏风格兼具的特殊烹饪文化。

主体建筑

内部砖砌隔断

厨房全貌

内部木框架

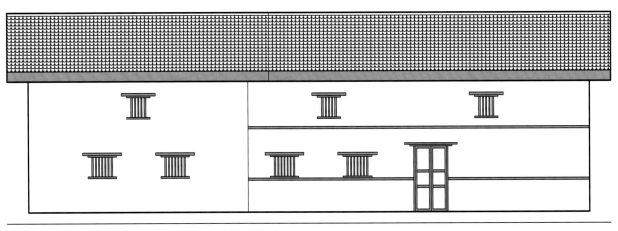

主体建筑立面图                                    0  1  2 m

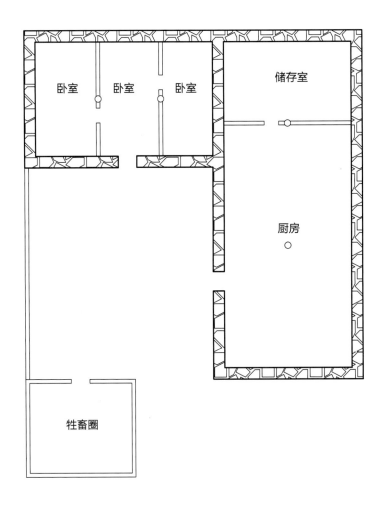

平面图                                          0  1  2 m
面积参考：365m²

## 第六户

| 户主姓名 | 李海权 | 所在村址 | 九龙县子耳乡万年村 |
|---|---|---|---|
| 修建年代 | 1962 年 | 结构类型 | 石木结构 |
| 房屋朝向 | 坐东朝西 | 主体建筑面积 | 789m$^2$ |
| 民居介绍 | | | |

　　该户民居共有三层，一层全部为储存室，用于储藏粮食和劳动工具；二层是主要的生活空间，共有3 间卧室，1 间厨房和 1 间储存室；三层则全部作晾晒粮食之用，有密铺木地板的晾晒间，也有完全裸露的晒台。该户民居一、二层都有门廊，门廊衔接内外空间，使得民居的层次感更强。

主体建筑

储存室一角

走廊

走廊外景

顶层晾晒间

入户大门

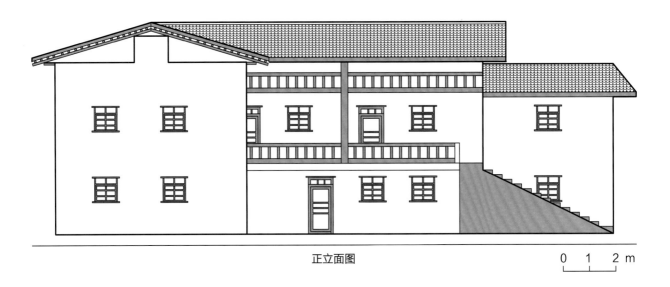

正立面图　　　　　　　　　　　0　1　2 m

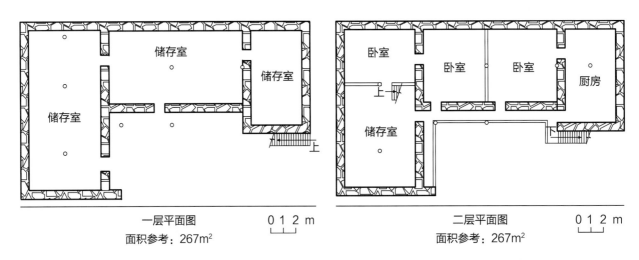

一层平面图　　　　　　　　　　0　1　2 m
面积参考：267m²

二层平面图　　　　　　　　　　0　1　2 m
面积参考：267m²

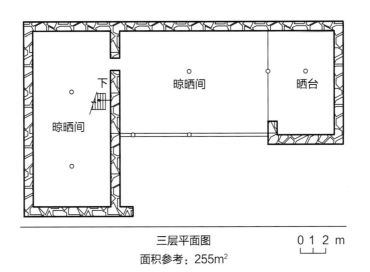

三层平面图　　　　　　　　　　0　1　2 m
面积参考：255m²

## 第七户

| 户主姓名 | 李明 | 所在村址 | 九龙县子耳乡万年村 |
|---|---|---|---|
| 修建年代 | 1955 年 | 结构类型 | 石木结构 |
| 房屋朝向 | 坐北朝南 | 主体建筑面积 | 444m² |
| 民居介绍 | | | |

　　李明家共有三层，一层为储存室和牲畜圈；二层设 2 间卧室、1 间客厅、1 间厨房，通向三层的楼梯开在二层门廊上，客厅开窗很大，采光好，门窗既无套也无楣；三层有 2 间卧室、1 间晾晒间和 1 处晒台。该民居顶部两侧的山墙不封口，并在中间铺架三角形的山墙作为支撑，起到通风的作用，以避免阴干的粮食腐败变质。许多吕汝、尔苏地区的民居都如同此户民居，每一个房间都从门廊进入，这种入户方式与四川藏区其他民居相比有显著不同。

主体建筑

建筑正面

客厅

顶层晾晒间

三层晒台

正立面图

0 1 2 m

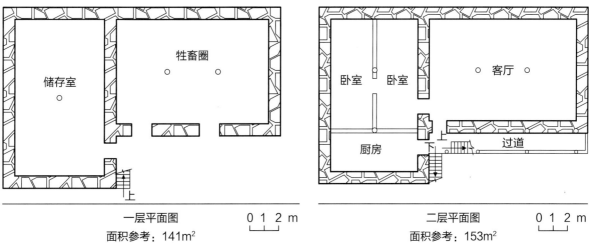

一层平面图

面积参考：141m²

0 1 2 m

储存室

牲畜圈

二层平面图

面积参考：153m²

0 1 2 m

卧室　卧室

客厅

厨房

过道

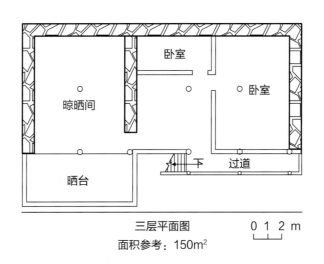

三层平面图

面积参考：150m²

0 1 2 m

晾晒间

卧室

卧室

晒台

过道

# 第七节  丹巴县嘉绒民居

### 第一户

| 户主姓名 | 罗勇 | 所在村址 | 丹巴县东谷乡国如村 |
|---|---|---|---|
| 修建年代 | 2008 年 | 结构类型 | 石木结构 |
| 房屋朝向 | 坐北朝南 | 主体建筑面积 | 784m² |
| 民居介绍 | | | |

　　罗勇家共有五层，一层喂养牲畜；二层有宽敞的入户平台，并设厨房、客厅以及 2 间卧室，厕所单独外设；三层为该民居的休息功能区，设有 4 间卧室和 1 间大客厅；四层和五层主要用于晾晒和储存粮食，这两层都有不同程度的出檐。从这户民居还能看到康东传统民居建造技法和现代民居建造技法的交融，外墙四面虽然都是砌石墙，但内部结构则全都是砖混结构；内部装修既有藏式风格，也有现代装修风格，就连外部的"半圆木"都是用水泥装饰的。

主体建筑

民居建筑侧面

客厅

二层入户平台

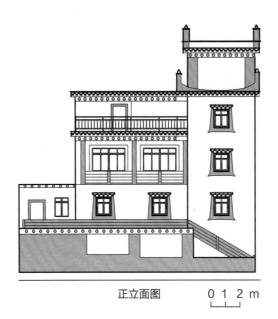

正立面图    0 1 2 m

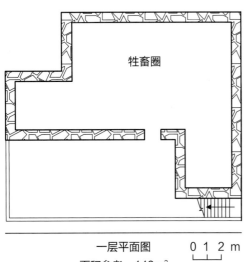

牲畜圈

一层平面图    0 1 2 m
面积参考：148m²

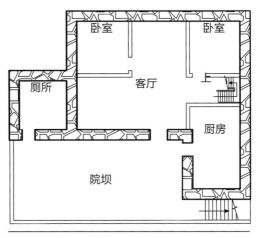

卧室      卧室

厕所    客厅

厨房

院坝

二层平面图    0 1 2 m
面积参考：216m²

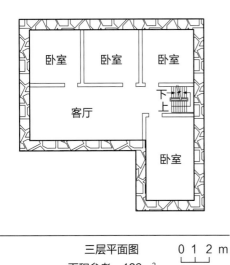

卧室   卧室   卧室

客厅

下 上

卧室

三层平面图    0 1 2 m
面积参考：129m²

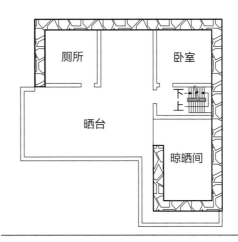

厕所    卧室

下 上

晒台

晾晒间

四层平面图    0 1 2 m
面积参考：148m²

## 第二户

| 户主姓名 | 呷什初 | 所在村址 | 丹巴县中路乡克格依村 |
|---|---|---|---|
| 修建年代 | 约 17 世纪 | 结构类型 | 石木结构 |
| 房屋朝向 | 坐北朝南 | 主体建筑面积 | 492m² |
| 民居介绍 | | | |

　　此民居外观古朴典雅，墙体用黏性和纯度都很高的细泥粉刷，门窗套刷黑漆。民居主体建筑西侧建有一座家碉，碉与民居紧密相连，若遇战事屋主便携带粮食和武器住进家碉，这种碉带房的建筑特色体现出古嘉绒人民的智慧，也是嘉绒民居注重建筑防御性的突出表现。民居内部装饰十分素雅，楼顶晾晒间隔窗的木雕装饰古朴而精致。民居一、二层设客厅和卧室，三、四层是大面积出檐的晒台和晾晒间，经堂设在三层。

主体建筑

| ① | ③ |
| ② | ④ |
|   | ⑤ |

① 建筑侧面

② 入户大门

③ 锅庄

④ 经堂的木窗

⑤ 风马旗和煨桑台

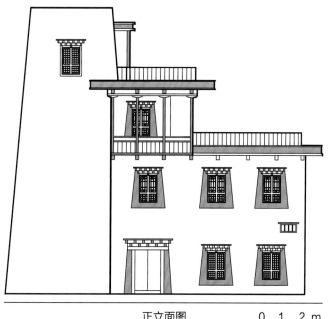

正立面图

0 1 2 m

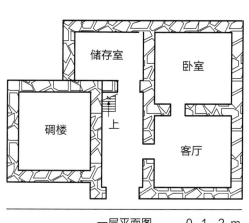

一层平面图

0 1 2 m

面积参考：106m²

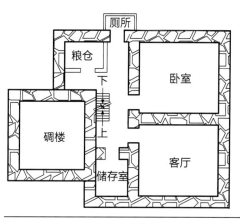

二层平面图

0 1 2 m

面积参考：108m²

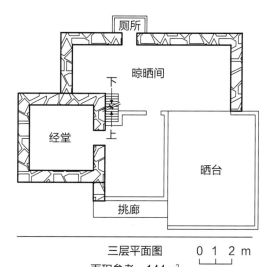

三层平面图

0 1 2 m

面积参考：144m²

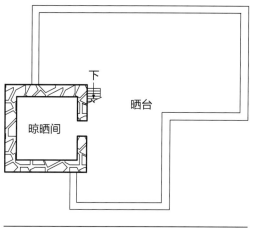

四层平面图

0 1 2 m

面积参考：134m²

## 第三户

| 户主姓名 | 呷什初 | 所在村址 | 丹巴县中路乡克格依村 |
|---|---|---|---|
| 修建年代 | 20 世纪后半叶 | 结构类型 | 土石木结构 |
| 房屋朝向 | 坐北朝南 | 主体建筑面积 | 426m² |
| 民居介绍 | | | |

　　此户民居与本节第二户民居同属一位屋主，该民居专供游客住宿。民居共有三层，一、二两层共有 6 间客房，客房均为标间，都带厕所，第三层设储物间，原本用来晾晒粮食的晒台如今已安装了护栏，专供游客登楼赏月。

民居建筑正面

木结构墙

木结构墙体细部

民居接待客房

民居环境

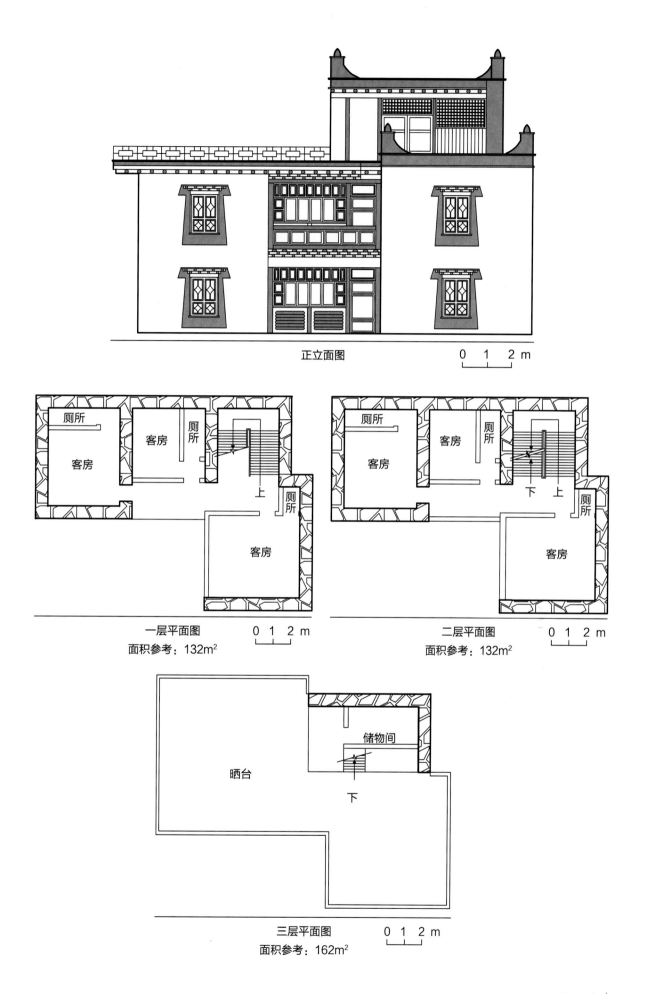

正立面图　　　　　　0　1　2 m

一层平面图　　　　　　0　1　2 m
面积参考：132m²

二层平面图　　　　　　0　1　2 m
面积参考：132m²

三层平面图　　　　　　0　1　2 m
面积参考：162m²

## 第四户

| 户主姓名 | 袁生福 | 所在村址 | 丹巴县中路乡波色龙村 |
|---|---|---|---|
| 修建年代 | 2008 年 | 结构类型 | 石木结构 |
| 房屋朝向 | 坐北朝南 | 主体建筑面积 | 774m² |
| 民居介绍 | | | |

　　袁生福家民居建筑的外貌以黑色、白色、绛红色这三种颜色为主，黑色的门窗套，绛红色的木作，白色的外墙，冷暖色调差所带来的视觉冲击力让人过目难忘。檐出部分雕刻成兽首造型，檐柱造型形似雀替，这些细部特征简洁而美观。该户民居具有典型的嘉绒民居挑廊挑厕结构，挑厕厕位下端接有排污管。民居一层有 3 间卧室、1 间客厅、1 间厨房，二层则设 4 间卧室和 1 间客厅，三层、四层设置晾晒间和晒台，经堂位于三层东北角。

民居建筑正面

侧面的挑廊和挑厕

附属建筑

院落入户门

开敞的晾晒间

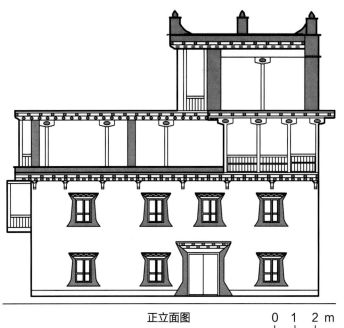

正立面图  0 1 2 m

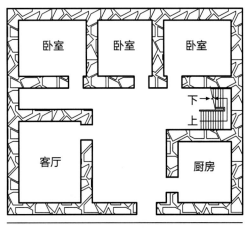

卧室　卧室　卧室

下→

上

客厅　厨房

一层平面图　0 1 2 m
面积参考：175m²

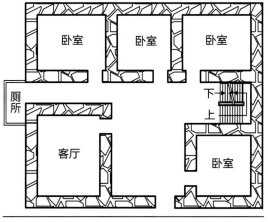

卧室　卧室　卧室

厕所

下→

上

客厅　卧室

二层平面图　0 1 2 m
面积参考：175m²

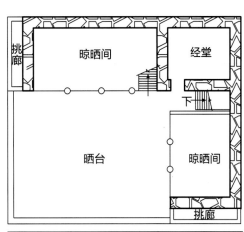

挑廊　晾晒间　经堂

下

晒台　晾晒间

挑廊

三层平面图　0 1 2 m
面积参考：203m²

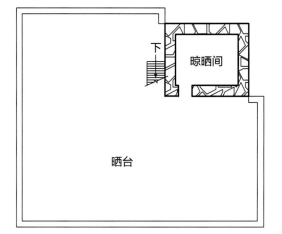

下

晾晒间

晒台

四层平面图　0 1 2 m
面积参考：221m²

## 第五户

| 户主姓名 | 王淑芬 | 所在村址 | 丹巴县中路乡罕额依村 |
|---|---|---|---|
| 修建年代 | 2011 年 | 结构类型 | 石木结构 |
| 房屋朝向 | 坐北朝南 | 主体建筑面积 | 720m² |
| 民居介绍 | | | |

　　王淑芬家建筑造型规整，一、二层同宽，三、四层出檐且向东北角逐层退收，二至四层的东南墙面都建有挑出的廊结构，二层廊下开口留洞作挑厕，其余两层皆用作挑廊以便储存和晾晒粮草。民居内部留有专门的楼梯间，楼梯采用双跑形式修建，这种楼梯搭建方式与传统楼梯形式不同，具有现代民居建筑的风格，上下行更为方便快捷。在功能布局上，一、二层为生活空间，三、四层为粮食晾晒和储存空间。

民居建筑正面

楼梯

房屋侧面

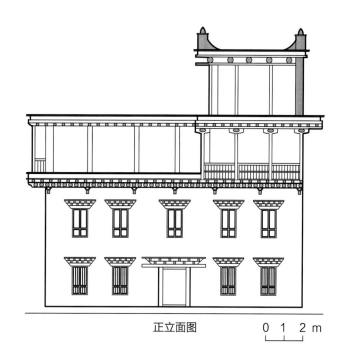

正立面图　　0 1 2 m

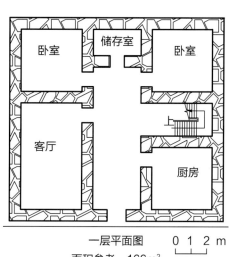

一层平面图　　0 1 2 m
面积参考：166m²

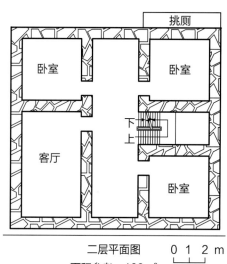

二层平面图　　0 1 2 m
面积参考：166m²

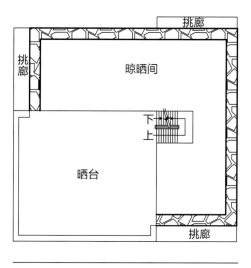

三层平面图　　0 1 2 m
面积参考：188m²

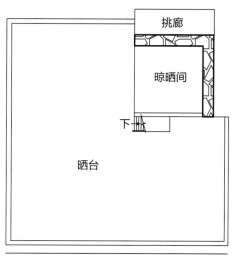

四层平面图　　0 1 2 m
面积参考：200m²

## 第六户

| 户主姓名 | 宝生 | 所在村址 | 丹巴县聂呷乡甲居藏寨 |
|---|---|---|---|
| 修建年代 | 不断翻修，无法考证 | 结构类型 | 石木结构 |
| 房屋朝向 | 坐西朝东 | 主体建筑面积 | 503m² |
| 民居介绍 | | | |

　　宝生家是甲居藏寨典型的民居建筑类型，和梭坡乡莫洛村的嘉绒民居不同，甲居藏寨的民居建筑"晒台多、出檐宽"，从第二层开始层层退收，层次感十分鲜明，民居外墙由黄、白、黑、红四色组成。此外，该民居的部分窗户采用了支摘窗，这种窗户本多见于北方地区，由于甲居藏寨冬季寒冷风大，使用支摘窗不仅能保障室内空气的流通，还能有效改善平开窗在开窗后受风面积过大的问题。

民居主体建筑

层次分明的甲居民居

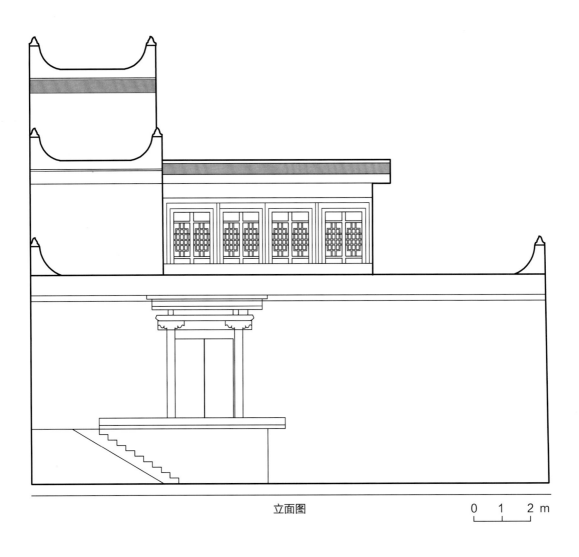

立面图

0 1 2 m

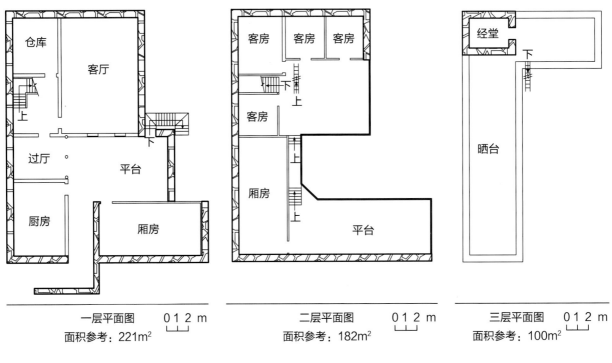

一层平面图 0 1 2 m
面积参考：221m²

二层平面图 0 1 2 m
面积参考：182m²

三层平面图 0 1 2 m
面积参考：100m²

## 第七户

| 户主姓名 | 琪玛则 | 所在村址 | 丹巴县聂呷乡甲居藏寨 |
|---|---|---|---|
| 修建年代 | 不断修缮，无法考究 | 结构类型 | 石木结构 |
| 房屋朝向 | 坐西朝东 | 主体建筑面积 | 661m$^2$ |
| 民居介绍 | | | |

　　琪玛则家已经开始旅游接待，因此对民居的功能进行了相应改造。最底层为牲畜圈，牲畜圈入口位于入户门地台下，民居一层布置3间客房，并有厨房和客厅，二层有4间客房，三层设经堂。民居建筑层层退收，从下往上各层室内面积逐渐缩小，晒台面积所占比重相应增加，顶部四角将涂成白色的石头码放成牛角形状并插上风马旗。外墙面刷三色漆，底部则用白漆绘山和牛角形状，处处体现出嘉绒藏族的原始崇拜特征。

民居建筑正面

| ① | |
|---|---|
| ② | ③ |

① 色彩丰富的外墙装饰

② 分设的人畜入口

③ 晒台丰收的玉米

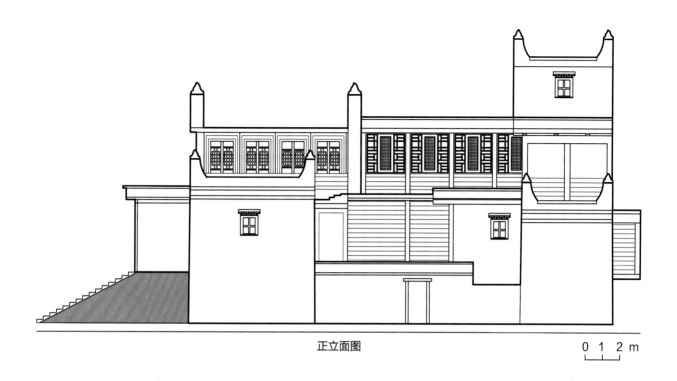

正立面图                                     0 1 2 m

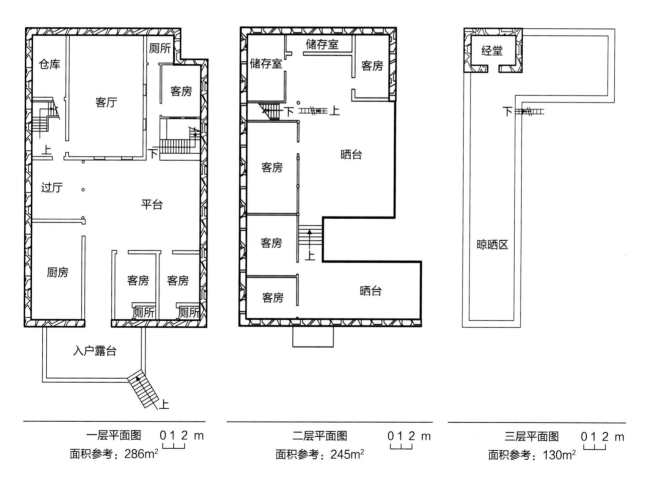

一层平面图        0 1 2 m            二层平面图        0 1 2 m            三层平面图        0 1 2 m
面积参考：286m²                       面积参考：245m²                       面积参考：130m²

## 第八户

| 户主姓名 | 降粗 | 所在村址 | 丹巴县革什扎乡布科村 |
|---|---|---|---|
| 修建年代 | 1996 年 | 结构类型 | 石木结构 |
| 房屋朝向 | 坐北朝南 | 主体建筑面积 | 348m$^2$ |
| 民居介绍 | | | |

　　降粗家位于丹巴县布科村，有河流和公路从门前经过，入户处有外院，常用来停放交通工具。内院为四合院结构，各个房间朝院内开门，入户左侧有楼梯通二层，二层各个空间用廊连接。一层设 3 间卧室和 2 间厕所，北侧为厨房，二层设客房和晾晒区。从民居西侧可看到明显的扩建痕迹，外院西侧建筑即为扩建建筑体。

民居建筑正面

① 侧面

② 入户院落

③ 内部院坝

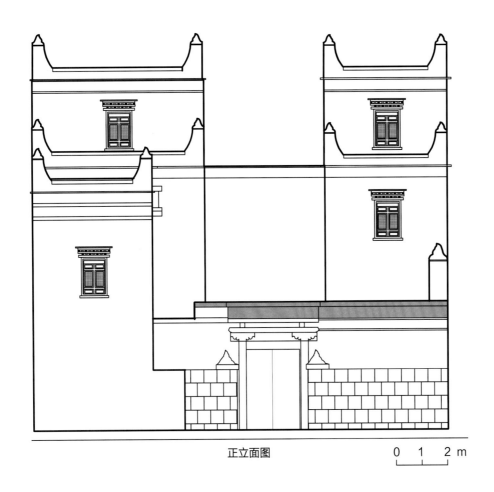

正立面图　　　0　1　2 m

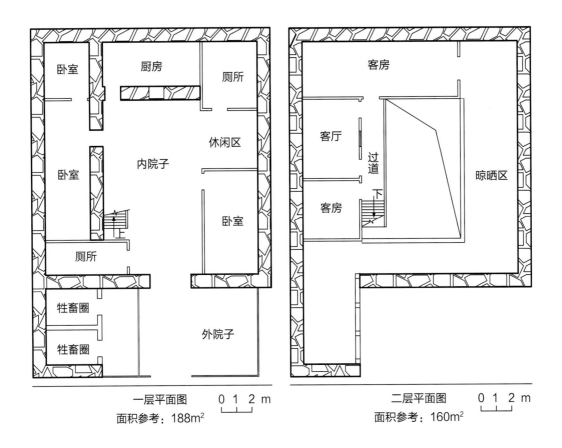

一层平面图　　　0　1　2 m

面积参考：188m²

二层平面图　　　0　1　2 m

面积参考：160m²

## 第九户

| 户主姓名 | 瓦尔阿加美 | 所在村址 | 丹巴县革什扎乡布科村 |
|---|---|---|---|
| 修建年代 | 20 世纪 70 年代 | 结构类型 | 石木结构 |
| 房屋朝向 | 坐北朝南 | 主体建筑面积 | 528m² |
| 民居介绍 | | | |

此户民居由新旧两栋建筑组成，新扩建的建筑位于东侧高一层，沿原建筑体的入户口进行扩建，西侧的原有建筑高四层，新旧民居建筑整体协调。为实现客厅空间和烹饪空间的分离，此民居将扩建建筑用作厨房。原建筑一层有客厅和 3 间卧室；二层设置柴房以及 2 间卧室，并在柴房外搭建挑廊，以便将晾晒好的柴草挪进柴房；三层设仓库和晒台，并搭有挑廊；四层西北角设经堂，其余空间做晒台。

民居建筑正面

① 晾晒柴草的挑廊

② 柴草房

③ 耕地围墙

④ 顶层的晒廊

⑤ 民居入户口

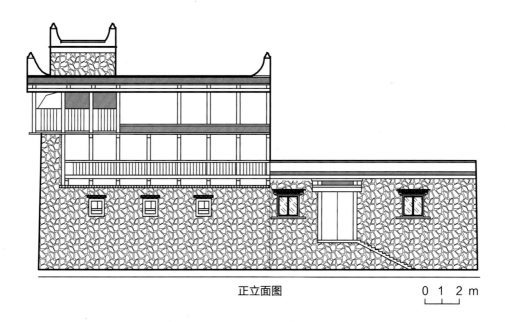

正立面图　　0 1 2 m

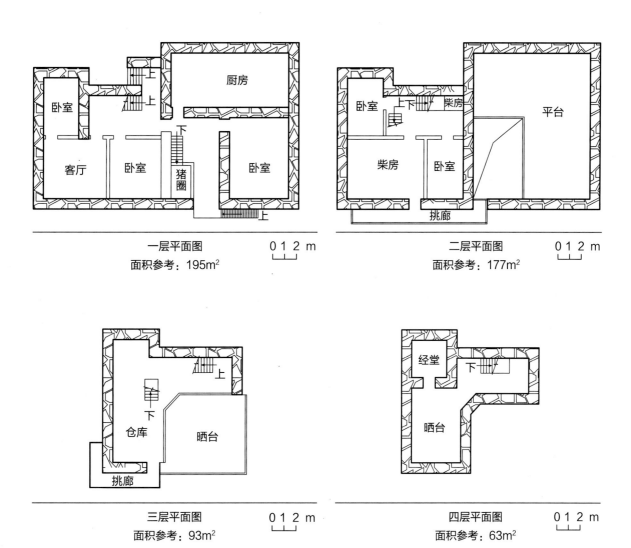

一层平面图　　0 1 2 m
面积参考：195m²

二层平面图　　0 1 2 m
面积参考：177m²

三层平面图　　0 1 2 m
面积参考：93m²

四层平面图　　0 1 2 m
面积参考：63m²

## 第十户

| 户主姓名 | 雷作玉 | 所在村址 | 丹巴县梭坡乡莫洛村 |
|---|---|---|---|
| 修建年代 | 2009 年 | 结构类型 | 石木结构 |
| 房屋朝向 | 坐西北朝东南 | 主体建筑面积 | 730m² |

| 民居介绍 |
|---|
|     雷作玉家位于丹巴县梭坡乡莫洛村，该村较其他嘉绒民居建筑楼层更多、楼高更高。雷作玉家共有5层，从第四层开始退收出檐，民居高大规整，开窗大而多，三椽三盖的窗楣将窗户装饰得十分华丽。四层的出檐部分没设檐柱，直接用檐出承载竖向载荷。一至三层为卧室和客厅，四、五层主要为晾晒间和晒台，经堂设在五层。此民居除顶层以外每层都设有厕所，生活的便利性得到很大提升。 |

民居建筑正面

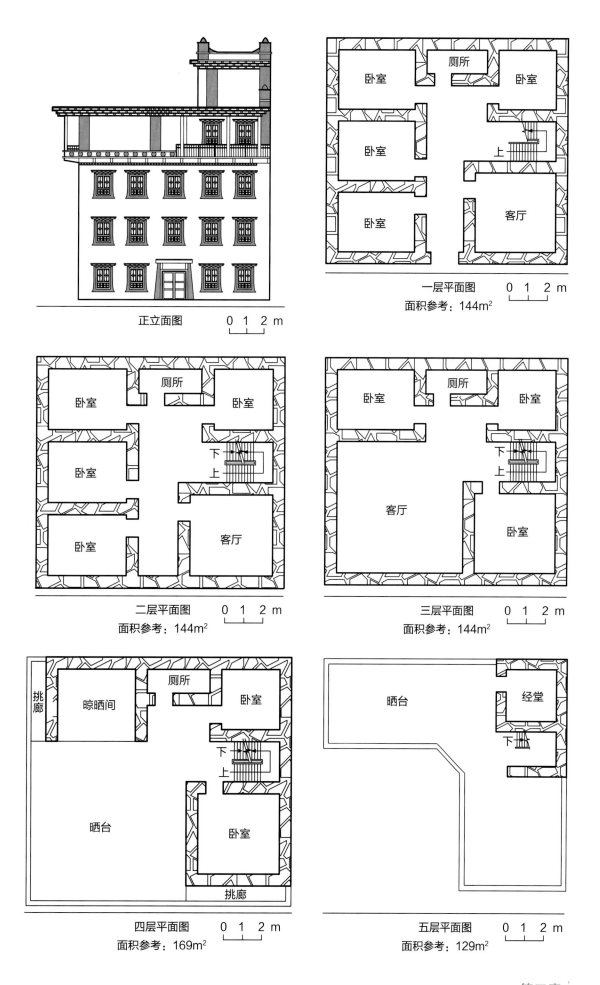

正立面图　　　0 1 2 m

一层平面图　　　0 1 2 m
面积参考：144m²

卧室　　厕所　　卧室

上

客厅

二层平面图　　　0 1 2 m
面积参考：144m²

卧室　　厕所　　卧室

下
上

卧室

客厅

三层平面图　　　0 1 2 m
面积参考：144m²

卧室　　厕所　　卧室

下
上

客厅

卧室

四层平面图　　　0 1 2 m
面积参考：169m²

挑廊

晾晒间　　厕所　　卧室

下
上

晒台

卧室

挑廊

五层平面图　　　0 1 2 m
面积参考：129m²

晒台

经堂

下上

## 第十一户

| 户主姓名 | 益西 | 所在村址 | 丹巴县梭坡乡莫洛村 |
|---|---|---|---|
| 修建年代 | 2005 年 | 结构类型 | 石木结构 |
| 房屋朝向 | 坐北朝南 | 主体建筑面积 | 639m² |
| 民居介绍 | | | |

　　益西家在莫洛村海拔较低处，位于盘山公路一侧。一、二层设客厅与卧室，二层背面设挑厕，三层宽出檐，且出檐的边缘安装有铝合金护栏。该民居搭建挑廊较多，三面外墙皆有。院内一层的外墙刮有石膏腻子，并滚上了白色面漆。二层正中开窗很大，窗饰华丽。民居内部装修风格现代感十足，基础装修与汉区无异，可见石膏板吊顶，家具则以藏式风格为主。

民居建筑正面

蜿蜒的入户公路

① 楼顶远眺大渡河河谷

② 民居客厅

③ 精美的窗饰

④ 民居建筑侧面

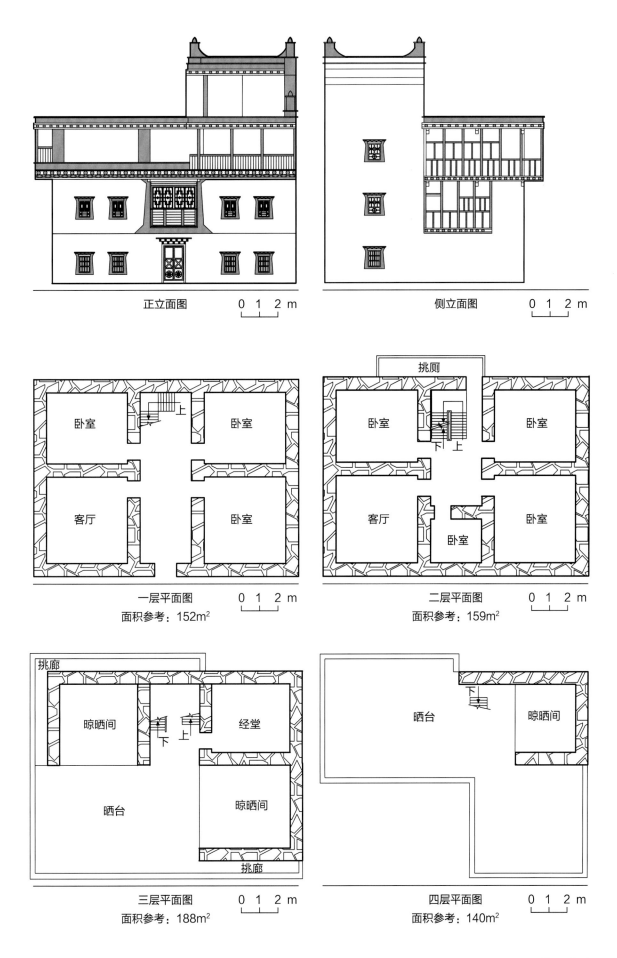

正立面图　　0　1　2 m

侧立面图　　0　1　2 m

一层平面图　　0　1　2 m
面积参考：152m²

二层平面图　　0　1　2 m
面积参考：159m²

三层平面图　　0　1　2 m
面积参考：188m²

四层平面图　　0　1　2 m
面积参考：140m²